FORSCHUNGSBERICHT DES LANDES NORDRHEIN-WESTFALEN

Nr. 2717/Fachgruppe Hüttenwesen/Werkstoffkunde

Herausgegeben im Auftrage des Ministerpräsidenten Heinz Kühn
vom Minister für Wissenschaft und Forschung Johannes Rau

Prof. Dr.-Ing. Klaus W. Lange
Dr.-Ing. Georges Rentizelas
Institut für Eisenhüttenkunde
der Rhein.-Westf. Techn. Hochschule Aachen

Experimentelle Untersuchung der Spülentgasung
von Stahlschmelzen mit Argon
bei unterschiedlichen Legierungsgehalten
und Gesamtdrucken

Westdeutscher Verlag 1978

CIP-Kurztitelaufnahme der Deutschen Bibliothek

Lange, Klaus W.
Experimentelle Untersuchung der Spülentgasung
von Stahlschmelzen mit Argon bei unterschied-
lichen Legierungsgehalten und Gesamtdrucken /
Klaus W. Lange; Georges Rentizelas. - 1. Aufl.
- Opladen: Westdeutscher Verlag, 1978.

(Forschungsberichte des Landes Nordrhein-
Westfalen; Nr. 2717 : Fachgruppe Hüttenwesen,
Werkstoffkunde)
ISBN 978-3-531-02717-3   ISBN 978-3-322-88396-4 (eBook)
DOI 10.1007/978-3-322-88396-4

NE: Rentizelas, Georges:

© 1978 by Westdeutscher Verlag GmbH, Opladen

Gesamtherstellung: Westdeutscher Verlag

ISBN 978-3-531-02717-3

Inhalt

Einführung	1
Versuchstechnik	2
Versuche bei Atmosphärendruck	2
Versuche unter Vakuum	5
Versuchsauswertung	7
Geschwindigkeitsbestimmender Schritt bei der Entstickung	8
Versuchsergebnisse bei Atmosphärendruck und ihre Diskussion	1o
Einfluß des Ausgangsgehaltes an Stickstoff	1o
Einfluß des Ausgangsgehaltes an Kohlenstoff	11
Vergleich mit Modellrechnungen	12
Ermittlung der Größe der entstehenden Argonblasen	13
Einfluß des Chromgehaltes	15
Einfluß der Gehalte an Chrom und Kohlenstoff	18
Einfluß der Gehalte an Chrom und Nickel	19
Einfluß des Siliciumgehaltes	2o
Einfluß des Schwefelgehaltes allein und zusammen mit Silicium	2o
Versuchsergebnisse bei Unterdruck und ihre Diskussion	22
Einfluß der Absenkung des Gesamtdruckes	22
Vergleich mit Modellrechnungen	23
Einfluß der Badbewegung und des entstehenden Kohlenmonoxids	25
Einfluß von Schwefel allein oder zusammen mit Silicium	26
Zusammenfassung	28
Schrifttumsverzeichnis	29
Tafelanhang	33
Bildanhang	35

Einführung

In der vorliegenden Arbeit wird experimentell die Spülentgasung von Stahlschmelzen am Beispiel der Stickstoffentfernung mit in das Bad eingeblasenem Argon untersucht.

Durch Spülgas (z.B. Argon), das durch die Stahlschmelze hindurchgeleitet wird, können Substanzen aus dem Stahl entfernt werden, die die Schmelze in gasförmigem Zustand verlassen können, wie z.B. Wasserstoff, Stickstoff und Kohlenmonoxid. Wasserstoff und Stickstoff sind meist höchst unerwünschte Begleitelemente; durch die Entfernung von CO kann je nach der metallurgischen Ausgangslage der Stahl gefrischt und/oder desoxidiert werden.

Die Spülgasbehandlung von Stahlschmelzen durch in Stahl unlösliche Gase beruht im Prinzip darauf, daß die durch die Schmelze perlenden Spülgasblasen in Abhängigkeit vom Unterschied der Partialdrücke der löslichen Gase im Metall und im Spülgas Gas aufnehmen und dieses an die Oberfläche der Schmelze transportieren[1 bis 5]. Die Entfernung der unerwünschten, im flüssigen Stahl gelösten Gase geschieht durch Erniedrigung des Partialdruckes des gelösten Gases in der mit dem Metallbad in Berührung stehenden Gasphase. Diese Erniedrigung des Partialdruckes, der zur Beschleunigung der Entgasung möglichst weit unter dem Gleichgewichtsdruck für die jeweilige Konzentration des Gases im Metallbad liegen sollte, geschieht durch das Einleiten des Spülgases bis auf den Anfangswert Null, wenn das Spülgas frei ist von dem zu entfernenden Gas. Das zu entfernende Gas diffundiert infolge des Partialdruckgefälles aus dem Stahl in die aufsteigenden Spülgasblasen und wird aus dem flüssigen Stahl entfernt.

In einer Reihe von bisher erschienenen Arbeiten[6 bis 12], in denen die Spülbehandlung von Stahlschmelzen mit Argon in der Gießpfanne im Betriebsmaßstab durchgeführt worden ist, wurde das Argon in den meisten Fällen durch den Pfannenboden in die Schmelze eingeleitet. Das Hauptziel war dabei die Untersuchung der Desoxydations- und Entkohlungswirkung des Spülvorganges. Nebenbei wurde auch die Wirkung der Spülbehandlung hinsichtlich der Wasserstoff- und Stickstoffgehalte des Bades untersucht.

Dabei wurde eine gute Wasserstoffentfernung (bis ungefähr
70 %) beobachtet, während bei Stickstoff der Ausspülerfolg
viel geringer (0 bis 35 %) war. Auf Grund der Unterschiede in
den Durchführungsbedingungen der obigen Untersuchungen zu denen
der vorliegenden Arbeit waren Vergleiche nicht immer möglich.

Versuchstechnik

Versuche bei Atmosphärendruck

Bei den Versuchen unter Atmosphärendruck wurde zur Sicherstellung einer kontrollierten Atmosphäre in der Umgebung der Schmelze der Tiegel (1) aus Korund mit den Abmessungen 150 x 85$^\emptyset$ x 73$^\emptyset$ mm in ein beidseitig verschlossenes Quarzgutrohr (7) mit den Abmessungen 350 x 295$^\emptyset$ x 255$^\emptyset$ mm eingebracht und induktiv (10 kHz) beheizt (<u>Bild 1</u>). Der Tiegel wurde mit Al_2O_3-Pulver in ein Korundrohr (5) eingestampft. In dieser Aluminiumoxydpulverschicht befand sich in unmittelbarer Tiegelwandnähe ein Pt-PtRh18-Thermoelement (21), das die Außenwandtemperatur in der Höhe der Badoberfläche maß, sowie ein dreiteiliger Ring (3) aus Stahlblech, der außen vom oberen Tiegelrand bis zur Badoberfläche reichte. Durch die induktive Erwärmung dieses Blechringes wurde die Entstehung eines starken Temperaturgradienten zwischen Schmelzoberfläche und Gasraum verhindert.

Die Gaseinleitung in das Bad erfolgte durch eine Aluminiumoxyd-Lanze (18) der Abmessungen 400 x 6$^\emptyset$ x 3$^\emptyset$ mm, die schräg durch den Ofendeckel bis zu einer Tiefe von 5,5 cm in das Bad eintauchte. Ein zweites Pt-PtRh18-Thermoelement (24) mit Schutzrohr wurde ebenfalls schräg durch den Ofendeckel in das Bad eingeführt. Dieses zweite Thermoelement wurde, sobald das Bad die Versuchstemperatur von 1600°C erreicht hatte, zusammen mit dem Wandthermoelement abgelesen. Dadurch wurde die der erwünschten Badtemperatur entsprechende Wandtemperatur ermittelt. Unmittelbar danach wurde das Badthermoelement langsam aus dem Bad gezogen und die Temperatur des Bades weiterhin über das Wandthermoelement kontrolliert. Durch die mittlere Deckelöffnung (27) erfolgte die Probennahme. Der Reaktionsraum wurde zusätzlich zum in die Schmelze eingeblasenen Argon mit einem weiteren Argonstrom gespült. Der Gasdurchsatz sowohl des durchspülenden als auch des in den Ofenraum einströmenden Argonstromes wurde durch zwischen Einblasöffnungen und Argonflaschen zwischengeschaltete Rotameter kontrolliert. In die Argonleitung zur Lanze wurde nach dem Rotameter eine Expansionsflasche zwischengeschaltet, um die durch das diskontinuierliche Strömen des Argons in das Metallbad hervorgerufenen Schwankungen der Rotameteranzeige in möglichst engen Grenzen zu halten.

Das Eisen wurde beim Zusammensetzen der Versuchsapparatur so in den Schmelztiegel eingesetzt, daß die Lanze in eine geneigte Bohrung des zylindrischen Eiseneinsatzes eingeführt und miterwärmt werden konnte. Bei der Erschmelzung von Legierungen wurden die Zusatzelemente granuliert und zwischen Eisenzylinder, Tiegelboden und Tiegelwand verteilt. Das eingesetzte Eisen wies die folgenden Massengehalte in % auf:

0,12 C	0,026 P	0,005 N	0,06 Sn	0,00 Cr
0,00 Si	0,036 S	0,001 H	0,011 As	0,00 Ni
0,5 Mn	0,001 Al	0,015 O	0,00 Ni	0,00 Cu

Zur Herstellung der Legierungen wurden Siliciummetall mit 98 % Si, Mondnickelpellets mit 99,5 % Ni, Chrommetall mit 99,9 % Cr, reines Eisen(II)-Sulfid mit 28,5 % S und Graphitstäbchen verwendet. Die verwendeten Gase waren Spezialargon und nachgereinigter Stickstoff. Das Gesamteinsatzgewicht lag zwischen 2500 bis 3200 Gramm.

Während des Aufheizens wurden 50 Ncm^3 Argon/min durch die Lanze geblasen, und es wurde darauf geachtet, daß die Lanze während dieser Periode niemals in die sich im Tiegel bildende Schmelze eintauchte, sondern einige Millimeter oberhalb der Schmelzoberfläche endete. Wenn der ganze Einsatz aufgeschmolzen war und die Schmelze 1600°C erreicht hatte, wurde die Lanze in kleinen Schritten von maximal 1 cm unter ständigem Argonblasen bis zur gewünschten Tiefe von 5,5 cm in das Bad eingetaucht. Nachdem die Eintauchtiefe von 5,5 cm erreicht worden war, wurde das Bad aufgestickt, indem gleichzeitig der Argonstrom gesperrt und Stickstoff durch die Lanze eingeleitet wurde. Vier Minuten

lang wurden 125 Ncm^3/min Stickstoff in das Bad eingeleitet.
Nach Ablauf der vier Minuten wurde der Stickstoffstrom gesperrt und die Leitung für Argon freigegeben. Dadurch wurde der Fluß eines Gasstroms durch die Lanze niemals unterbrochen und das Eindringen von Schmelze in die Lanze infolge fehlenden Gegendrucks verhindert. Der durchspülende Argonstrom betrug bei den Versuchen Nr. 20, 21 und 23 140 Ncm^3/min, bei allen anderen 125 Ncm^3/min. Vor Entnahme der ersten Probe wurde wenigstens eine Minute lang mit Argon durchgespült, um die gemeinsame Strecke der Gasleitung vom Stickstoff zu befreien.

Zur Probennahme wurden Quarz-Saugröhrchen der Abmessungen 150 x 7$^\phi$ x 4$^\phi$ mm verwendet. Alle Proben wurden in Wasser abgeschreckt. Der gelöste Stickstoff wurde nach dem Trägergasverfahren, der gelöste Kohlenstoff wurde coulometrisch bestimmt.

Aus der Beobachtung zahlreicher Versuchsabläufe wurden unter anderem folgende Erfahrungen gewonnen: Solange das Gas ungestört unter Blasenbildung das Bad durchströmte, pendelte der Anzeigekegel des Rotameters zwischen zwei Grenzwerten. Sobald der Gasdurchgang aus irgendeinem Grund behindert wurde, sank der Anzeigekegel unter den unteren Grenzwert. Bei einem Lanzenbruch, der fast immer auf eine vorangegangene Gasdurchgangsbehinderung erfolgte, sprang der Anzeigekegel aus der vorher eingenommenen Lage plötzlich fast bis zum Ende der Rotameterskala hoch, und sank wieder, um erneut eine Ruhelage einzunehmen, die diesmal deutlich oberhalb des oberen Grenzwertes lag. Aus der Beobachtung des Anzeigekegels konnte somit jeden Augenblick festgestellt werden, ob ein ungestörter Gasdurchgang stattfand oder nicht. Es kann nicht mit Sicherheit behauptet werden, daß die Frequenz des Kegelpendelns der Blasenbildungsfrequenz genau entspricht, da nicht sicher ist, ob der Kegel z.B. auch bei der Bildung von ganz kleinen Blasen reagiert, oder ob er zur einzelnen Anzeige dicht aufeinanderfolgender Blasen nicht zu träge ist. Aus Messungen der Kegelfrequenz während der Versuche ergaben sich 17 bis 30 Kegelsprünge pro Minute bei einem Argondurchsatz von 125 Ncm^3/min.

Versuche unter Vakuum

Alle Ausspülversuche bei Unterdruck zwischen 650 und 75 Torr wurden in einem Vakuuminduktionsofen mit einer Frequenz von 10 kHz durchgeführt. Der Ofenraum wurde mit einer zweistufigen Kombination von Gasballastpumpen evakuiert. Zusammen mit einem Ruvac-Gebläse konnte mit Sicherheit nach einer halben Stunde ein Druck von 10^{-2} Torr erreicht werden. Den jeweiligen Gesamtdruck im Ofen zeigten ein Kapselfeder-Feinmeßmanometer und ein grobmessendes Kapselmanometer an. Der Druck im Schleusenraum über dem Ofenraum wurde durch ein weiteres Kapselmanometer angezeigt. Mit diesem Manometer konnte gleichzeitig der Druck im Ofen kontrolliert werden, sobald der Ofen mit dem Schleusenraum verbunden wurde. Der Schleusenraum wurde in etwa 30 Sekunden durch eine weitere Vakuumpumpe evakuiert. Die Versuche wurden in Tiegeln vorgenommen, die aus einem um einen eingesetzten Kohleklotz gestampften Gemenge elektrisch erschmolzener Magnesia verschiedener Korngrößen in dem gleichen Vakuumofen gesintert wurden.

Die Temperatur des metallischen Einsatzes wurde durch ein Tauchthermoelement Pt-PtRh18 gemessen, das durch ein Quarzröhrchen geschützt wurde, das sich am Ende eines sichelförmig geschwungenen Thermaxrohres befand. Dieses Rohr ließ sich durch einen Hebel außerhalb des Ofens so schwenken, daß das Thermoelement jederzeit in das Bad getaucht werden konnte. Das Argon wurde durch eine selbst entwickelte und selbsthergestellte Lanze in die Schmelze geblasen. Die Lanze wurde an einem U-Eisenrohr, das an der Induktionsspule befestigt war, festgeklebt. Das U-Eisenrohr war über einen flexiblen Metallschlauch mit der Argonzufuhr von außen verbunden. Ein Rotameter maß den Durchsatz der eingeblasenen Argonmenge. Wegen des großen Ofenraums und der starken Saugleistung der Gasballastpumpen konnte der Unterdruck mit einem Ventil in der Abgasleitung allein nicht konstant gehalten werden. Daher wurde zusätzlich Argon in den Ofenraum geleitet.

Der Eiseneinsatz von etwa 3,8 kg wurde so in den Tiegel eingesetzt, daß Platz für die Lanze blieb. Der Aufschmelzvorgang dauerte ungefähr zweieinhalb Stunden. Die Leistung des Generators wurde dabei in kleinen Schritten gesteigert. Etwaige Legierungszu-

sätze wurden nach dem Aufschmelzen des Einsatzes durch das
Schleusenventil mit einer Zahnstange zugegeben, die mit einem
Handrad auf und ab bewegt werden konnte.

Die Spüldauer betrug bei jedem Versuch mindestens eine Stunde.
Die eingeblasene Spülgasmenge war wegen der verschiedenen Unterdrücke bei den einzelnen Versuchen unterschiedlich groß.
Die Lanze tauchte während eines ganzen Versuchs in den Tiegel
so ein, daß ihr unterstes Ende ungefähr in der Mittelachse des
Tiegels lag und ihre Tauchtiefe etwa 7 cm erreichte, während
die Badhöhe nach dem Aufschmelzen ungefähr 1o cm betrug. Ein
Aufsticken bei den Vakuumversuchen wurde wegen der dabei auftretenden technischen Schwierigkeiten nicht durchgeführt. Es
wurde nur der im Einsatz bereits vorhandene Stickstoff ausgespült.

Das Einblasen von Argon ins Metallbad unter Unterdruck machte
viele Schwierigkeiten. Diese wurden einmal durch die starke
Badbewegung verursacht, zum anderen mußte die Lanze von Beginn
des Versuchs an, also auch schon bei nicht geschmolzenem
Stahl, unbeweglich und in der gleichen Tiefe im Tiegel stecken wie am Ende bei geschmolzenem Metalleinsatz.

Anfänglich wurden Aluminiumoxyd-Lanzen mit den Abmessungen
22o x $6^{\emptyset}$ x $3^{\emptyset}$ mm benutzt. Diese Lanzen zerbrachen fünf Minuten nach Beginn des Einblasens an der Oberfläche des Bades.
Danach wurden gasdichte Graphitrohre mit den Abmessungen
22o x $8^{\emptyset}$ x $2^{\emptyset}$ mm verwendet, weil diese sich induktiv erwärmen
und den Temperaturschock beim Aufschmelzen des Einsatzes besser überstehen. Die Graphitlanzen wurden außen mit Al_2O_3 gespritzt und mit feuerfester Paste (Resitect 75) am Verbindungsrohr befestigt. Aber auch diese Lanzen versagten, weil in
der Al_2O_3-Schicht Haarrisse entstanden und das Metall in Kontakt mit dem Graphit der Lanzen kam. Erfolgreiche Versuche
konnten ausschließlich mit einer selbstangefertigten Lanze
aus einem gasdichten Graphitrohr (Abmessungen wie oben), einem
Rohr aus Aluminiumoxyd mit den Abmessungen 23o mm Länge, 2 mm
Außen- und 1 mm Innendurchmesser, Al_2O_3-Pulver und feuerfester
Paste (Resitect 75) gefahren werden. Zur Anfertigung der Lanze
wurde zuerst das dünne Korundrohr so in das Graphitrohr geschoben, daß an jedem Rohrloch 5 mm herausragten. Dann wurde

das Graphitrohr mit Al_2O_3 gespritzt und die Enden mit
Resitect so verschlossen, daß das ganze Rohr nur noch zwei
Öffnungen von 1 mm Durchmesser hatte. Diese Lanze wurde in
das Verbindungsrohr gesteckt und mit mehreren Schichten
Resitect umgeben, wobei die untersten 3 Zentimeter des Ver-
bindungsrohres mit bestrichen wurden. Die einzelnen Schichten Resitect mußten jeweils trocknen, bevor die nächste aufgetragen wurde. Diese Lanze übersteht mehr als zwei Versuche,
wenn die Abkühlung nach dem Versuch langsam erfolgt.

Die Probennahme geschah durch den Schleusenraum nach dem
Öffnen des Schleusenventils mit der Zahnstange, an deren En-
de ein Saugröhrchen mit den Abmessungen 150 mm Länge, 7 mm
Außen- und 4 mm Innendurchmesser befestigt war. Nach dem
Schließen des Schleusenventils wurde die Probe aus der
Schleuse herausgenommen und sofort in Wasser abgeschreckt.
Der gelöste Stickstoff wurde nach dem Trägergasverfahren, der
gelöste Kohlenstoff wurde coulometrisch bestimmt.

Versuchsauswertung

Die Spülentgasung ist ein komplexer Vorgang, bei dem viele
Parameter den praktisch interessierenden Zusammenhang zwischen
Ausspülergebnis in Bezug auf den Stoff i und den Spülgasverbrauch pro Tonne Stahl beeinflussen. Solche Parameter sind z.B.
Blasenvolumen, Anfangsgasmenge, Blasenform, Aufstiegsgeschwin-
digkeit, Aufstiegszeit, Mengen der ausgespülten Gase in der
Blase, Badhöhe, Zusammensetzung des Bades, Außendruck oder
Temperatur[1 bis 5]. Unter diesen Umständen sind Beschränkungen
bei den Versuchen unumgänglich. In der vorliegenden Arbeit wurden die Anfangsspülgasmenge, die Anfangsstickstoffkonzentration,
die Zusammensetzung des Bades und der Außendruck variiert und
untersucht, wie sich die Stickstoffkonzentration mit wachsendem
Spülgasverbrauch verändert. Bei den Versuchen fielen als Rohdaten unter anderem die Probennahmezeiten, der Stickstoff- und der
Kohlenstoffgehalt des Bades zur Zeit der Probennahme an. Diese
Daten werden in zum Beispiel den Bildern 2 bis 5 dargestellt,
die die Konzentrationsänderung der auszuspülenden Stoffe in Abhängigkeit von der Zeit oder von der verbrauchten Spülgasmenge
wiedergeben.

Aus den Rohdaten wurden der Ausscheidungsgrad W_i nach der Definition[13]

$$W_i = \frac{c_{i,o} - c_{i,t}}{c_{i,o}} \cdot 100 \quad \text{in \%} \tag{1}$$

und der Spülgasverbrauch nach der Beziehung

$$\text{Spülgasverbrauch (Nm}^3/\text{t Stahl)} = \\ = \frac{\text{Gasdurchsatz (Ncm}^3/\text{min)} \cdot \text{Versuchszeit (min)}}{\text{Einsatzgewicht (gr)}} \tag{2}$$

berechnet. Beide Größen sind in zum Beispiel den Bildern 6 bis 8 gegeneinander aufgetragen. Zur Berechnung der Ausscheidungsgrade werden Konzentrationswerte benutzt, die in beispielsweise den Bildern 2 bis 5 von den eingezeichneten Kurven abgelesen worden sind. Die verwendeten Zeichen und ihre Bedeutung werden in der <u>Tafel 1</u> zusammengestellt.

Bei den Unterdruckversuchen wurden als Anfangsgehalte zur Berechnung der Ausscheidungsgrade für Stickstoff und für Kohlenstoff die Analysenwerte der ersten Probe eingesetzt.

Geschwindigkeitsbestimmender Schritt der Entstickung

Vor einer Besprechung der Versuchsergebnisse wird eine Betrachtung des geschwindigkeitsbestimmenden Schrittes der Entstickung für nötig erachtet. Für den Stoffaustausch zwischen bewegten metallischen Schmelzen und einer Gasphase sind bisher in der Literatur mehrere mögliche geschwindigkeitsbestimmende Schritte besprochen worden. Zum einen wird der Transport innerhalb der flüssigen Phase, zum anderen die chemische Reaktion an der Grenzfläche und außerdem eine Kombination der beiden als geschwindigkeitsbestimmend angesehen. Es fehlt auch nicht der Hinweis, daß der Stoffübergang aus der Flüssigkeit in das Gas durch die Transportwiderstände sowohl in der Flüssigkeit als auch in der Gasphase beeinflußt wird. Für alle Fälle, besonders für den ersten und zweiten, liegen bereits eine Reihe von Versuchsergebnissen vor, in denen der Stoffaustausch zwischen flüssigem Eisen oder Eisenlegierungen und einer Gasphase aus Stickstoff oder Wasserstoff untersucht wurde. Oft sind die Schrifttumsergebnisse unter verschiedenen Versuchsbedingungen gewonnen worden. Trotzdem wird versucht, dem jeweiligen angewandten Modell für die Entstickkung eine allgemeine Gültigkeit zuzuschreiben.

In einer Reihe früherer Untersuchungen wurden sowohl die Entstickung[14 bis 24] als auch die Aufstickung[14,15,17,22, 25 bis 28] in der Stahlschmelze durch eine Reaktion erster Ordnung beschrieben. Da die Diffusionskoeffizienten in der Gasphase viel größer als in der flüssigen Phase sind, kann man annehmen, daß der Diffusionswiderstand in der Gasphase im Vergleich zu dem in der flüssigen Phase vernachlässigt werden kann[29,30]. Weil bei den hohen Temperaturen der Stahlherstellung die Grenzflächenreaktionen im allgemeinen sehr rasch ablaufen, ist weiterhin anzunehmen, daß die Grenzflächenreaktionen selbst die Geschwindigkeit des Stoffaustauschs nicht bestimmen können[14,15,17,18,20,21,25,31 bis 38]. Nach F.D.Richardson[32] würde eine einfache bimolekulare Reaktion, die bei Raumtemperatur mit einer Aktivierungsenergie von 30 kcal stattfindet, bei 2000°C rd. 10^{18} mal schneller ablaufen, wenn die Reaktionspartner genügend schnell zusammenkommen könnten, um diese Geschwindigkeit aufrecht zu erhalten.

Daraus folgt, daß der gesamte Stoffübergangswiderstand auf der flüssigen Seite der Phasengrenze zwischen Flüssigkeit und Gas liegen sollte. Folglich kann man dann annehmen, daß der geschwindigkeitsbestimmende Schritt des Gesamtvorgangs der Ent- oder Aufstickung die Diffusion des Stickstoffs in Grenzflächennähe der flüssigen Phase ist; mit der Einschränkung, daß unabhängig von den Ansichten über den Mechanismus der Stickstoffentfernung grenzflächenaktive Stoffe wie z.B. Sauerstoff und Schwefel den Stoffübergang des Stickstoffs erheblich behindern[2 bis 5,15,16,18,20,25 bis 27,39 bis 44]. Der Stoffübergangskoeffizient des Stickstoffs in reinen Eisenschmelzen[16,45,46] und Eisenlegierungen[16] ist von der Rührgeschwindigkeit des Bades stark abhängig[16,45 bis 47]. Diese starke Abhängigkeit des Stoffübergangskoeffizienten des Stickstoffs vom Rühren macht deutlich, daß auch in einer technischen Anlage die Geschwindigkeit der Stickstoffentfernung durch die dort herrschenden Strömungsverhältnisse beeinflußt wird. Dieser Einfluß des Rührens ist üblicherweise als Beweis dafür anzusehen, daß die Diffusion des Stickstoffs im Bad der geschwindigkeitsbestimmende Schritt ist.

Auf der anderen Seite aber gibt es eine Reihe von Versuchen, die unter ganz anderen Bedingungen durchgeführt worden sind. In Versuchsanlagen wurde die Entstickung durch Aufblasen von Argon auf die Badoberfläche mit einem Gasdurchsatz bis zu 1700 Ncm^3/min erreicht[48 bis 51]. Die Versuchsergebnisse zeigten, daß der geschwindigkeitsbestimmende Schritt der Entstickung eine chemische Reaktion an der Grenzfläche selbst ist[48 bis 52]. Bei den Aufblasversuchen ist im Gegensatz zum Einblasverfahren der Konzentrationsgradient des Stickstoffs an der Badoberfläche und der Temperaturunterschied zwischen Badinnerem und Oberfläche wegen des Auftreffens kalten Gases größer. Dadurch ist die Diffusionsstromdichte größer, und die Grenzflächenreaktion mit ihrer stärkeren Temperaturabhängigkeit geht nun langsamer vor sich.

Versuchsergebnisse bei Atmosphärendruck und ihre Diskussion

Einfluß des Ausgangsgehaltes an Stickstoff

In vergleichbaren Versuchen wurde mehrfach festgestellt, daß der Ausscheidungsgrad des Stickstoffs mit wachsendem Ausgangsstickstoffgehalt des Bades steigt, als Beispiel wird hier das <u>Bild 6</u> für C-arme Schmelzen angeführt. In der empirischen Gleichung

$$dc_i/dt = \beta_i \cdot \frac{F}{V} (c_i - c_i^+), \qquad (3)$$

mit der häufig Stoffübergangsprobleme beschrieben werden[1 bis 5], kommt der Konzentrationsdifferenz eine entscheidende Bedeutung zu, wenn man annimmt, daß für die betrachtete Schmelze während des Ausspülvorganges sowohl β_i als auch F/V unverändert bleiben. Wenn man weiter annimmt, daß die Partialdruckänderungen des auszuspülenden Stickstoffs in den Gasblasen während des Badaufstieges sehr klein sind, sind die Änderungen der Sättigungskonzentration c_i^+ auch sehr klein, und man kann sie für die volle Dauer der Spülbehandlung als konstant betrachten: Je größer dann die aktuelle Badkonzentration c_i des Stoffes i ist, desto größer wird die Konzentrationsdifferenz und dementsprechend auch die zeitliche Änderung der Konzentration, oder anders ausgedrückt: Der zu erzielende Spüleffekt durch die gleiche Spül-

gasmenge ist bei sonst gleichen Bedingungen um so größer, je
größer die Anfangskonzentrationen sind.

Diese Ergebnisse finden sich in Übereinstimmung mit den
theoretisch ermittelten Ergebnissen[4]. Daher sollten die
Experimente immer an Schmelzen mit gleichen Anfangsstickstoff-
gehalten durchgeführt werden. Diese Forderung war jedoch wegen
großer experimenteller Schwierigkeiten nicht zu erfüllen. Daher wurden die Schmelzen wie vorstehend beschrieben für eine
definierte Zeit von vier Minuten aufgestickt und anschließend
mit der Entstickung und Probennahme begonnen.

Um trotzdem vergleichen zu können, wurde in den Darstellungen
der Stickstoffanalysen über der Zeit, wie es zum Beispiel in
den Bildern 2 bis 5 geschah, bei bestimmten Stickstoffgehal-
ten $[N]_r$, die dem Versuch mit dem kleinsten Stickstoffanfangs-
gehalt innerhalb einer Gruppe entsprachen, die Zeit t = o ge-
legt. Dieser Stickstoffgehalt $[N]_r$ wurde bei der Berechnung
des Ausscheidungsgrades nach Definition (1) als $c_{N,o}$ eingesetzt. Die Ergebnisse dieser "Nullpunkt-Verschiebung" liegen
den anschließenden Erörterungen zugrunde.

Durch diese "Nullpunkt-Verschiebungen" wird der Einfluß unter-
schiedlicher Anfangsstickstoffgehalte eliminiert, wie das
Bild 7 zeigt: Die Kurven für die Versuche 2o, 21 und 23 zeigen
im Rahmen der Meßgenauigkeit den gleichen Verlauf. Gleichzeitig erkennt man, wie bei einer bestimmten Spülgasmenge höhere
Stickstoffanfangskonzentrationen $[N]_r$ zu größeren Ausschei-
dungsgraden führen. Bei konstanter Stickstoffanfangskonzentration $[N]_r$ erhöht sich mit steigendem Spülgasverbrauch der Ausscheidungsgrad. Höheren Spülgasmengen entsprechen mehr Blasen
im Bad, solange die Blasenfrequenz proportional der Spülgasmenge ist, d.h. die Grenzfläche des Stoffaustauschs wird größer,
was eine erhöhte Stickstoffentfernung zur Folge hat.

Einfluß des Ausgangsgehaltes an Kohlenstoff

Zunehmende Kohlenstoffgehalte erhöhen bei Normaldruck den Ausscheidungsgrad des Stickstoffs nach Bild 8. Es scheint, daß
sich die Wirkung der Verminderung der Stickstofflöslichkeit
oder der Erhöhung des Stickstoffaktivitätskoeffizienten durch

Kohlenstoff[53]) auf den Stoffübergang des Stickstoffs bei
C-reicher Schmelze bemerkbar macht. Man muß aber daneben berücksichtigen, daß bei den C-reicheren Schmelzen (Versuch 24,
Versuch 27) eine Desoxydation der Schmelze während der Erschmelzungs- oder Aufstickungsperiode stattfand. Somit können
das $[C] \cdot [O]$-Produkt als eingestellt und die Schmelze als praktisch sauerstofffrei betrachtet werden, wodurch die hemmende
Wirkung des grenzflächenaktiven Sauerstoffs auf die Entstickung minimiert wird.

Vergleich mit Modellrechnungen

Die Versuchsergebnisse an Fe-C-Schmelzen bei Atmosphärendruck
wurden mit den Ergebnissen verglichen, die aus einem theoretischen Modell[4]) für Blasenketten berechnet wurden. Zu diesem
Zweck wurden in die Modellrechnung die Versuchsparameter eingeführt, die in dem experimentellen Versuch benutzt wurden, wie
zum Beispiel Anfangsblasengröße, Badhöhe, Außendruck, Spülgasdurchsatz, Temperatur sowie die Ausgangswerte für die Badkonzentration. Die Modellrechnungen wurden für verschiedene Anfangsblasengrößen und für zwei Badhöhen durchgeführt. Die Rechnung mit zwei Badhöhen war nötig, weil einmal das Bad 8 cm tief
war, die Lanze aber nur 5,5 cm eintauchte, und zum anderen das
Modell fordert, daß die Spülgasblasen am Badboden ihren Aufstieg und das Ausspülen beginnen. In diesem Punkt weichen Experiment und Theorie voneinander ab.

Die praktischen und theoretischen Ergebnisse werden in den **Bildern 9 und 10** verglichen. Grundsätzlich stimmen beide Arten von
Kurven überein: Die experimentelle Kurve liegt für beide Badhöhen zwischen den theoretischen Kurven für r_o = 0,8 und 1,6 cm.
Bei der größeren Badhöhe liegt die theoretische Kurve für
$n_{w,o}$ = 1,21 · 10^{-5} Mole näher an der experimentellen Kurve als
bei der kleineren Badhöhe.

Der Unterschied zwischen Experiment und Modell braucht aber nicht
nur durch die Unsicherheit in der Anfangsgröße der experimentellen Blasen bedingt zu sein, sondern kann auch dadurch verursacht
sein, daß im Modell jede Blase stets ein völlig durchmischtes
Bad vorfindet, während dies im Experiment nicht unbedingt zutref-

fen muß. Dadurch wird die Ausspülkapazität der Blase nicht
völlig ausgenutzt und die Entstickung etwas schlechter. Außerdem scheinen im Versuch nicht einzelne, diskrete Blasen nacheinander, sondern mehrere gleichzeitig das Bad zu passieren,
wie aus dem Kegelpendeln des Rotameters und der Blasenbildungsfrequenz hervorgeht.

Ermittlung der Größe der entstehenden Argonblasen

Bisher wurden noch keine Aussagen über die Anfangsblasengröße
in den Versuchsschmelzen gemacht. Diese Größe kann nicht direkt
gemessen werden, sondern kann nur für die Versuchsbedingungen
aus Korrelationen errechnet werden, die aus dem Schrifttum
stammen und an nichtmetallischen Flüssigkeiten ermittelt wurden.

Zur Bestimmung des Blasendurchmessers bei den Versuchen wurde
die von A. Mersmann[54] angegebene Formel

$$d_B = d_{äq} = \frac{1}{\varphi^{-1/3} + C_1 \cdot \varphi^{1/3} - C_2} \qquad (4)$$

mit

$$\varphi = \frac{3\sigma \cdot d_D}{g \cdot \Delta\varrho} + \left[\left(\frac{3\sigma \cdot d_D}{g \cdot \Delta\varrho}\right)^2 + \frac{15 \dot{v}_g^2 \cdot d_D}{g}\right]^{1/2}$$

$$C_1 = 6{,}2 \cdot 10^{-4} \text{ cm}^{-2}$$

$$C_2 = 0{,}3 \text{ cm}^{-1}$$

benutzt. Sie gilt für Flüssigkeiten mit dynamischen Zähigkeiten
unter 20 cP und für Gasvolumenströme zwischen 8 und 345 cm^3/s.

Für die Oberflächenspannung wurde für Versuche mit Gehalten an
Schwefel um 0,036 % und Sauerstoff um 0,015 % ein Wert von
1300 dyn/cm und für Versuche mit Schwefelgehalten von rd. 0,5 %
ein Wert von 900 dyn/cm angenommen[55,56]. Der Einfluß der anderen Legierungselemente auf die Oberflächenspannung wurde vernachlässigt. Als Differenz $\Delta\varrho$ der Dichte von Bad und Argon wurde 7 g/cm^3 eingesetzt. Der Gasvolumenstrom unter Versuchsbedingungen wurde über das ideale Gasgesetz aus den Normalwerten berechnet.

Kleine Blasen unter etwa 2 mm Durchmesser sind in Stahl kugelförmig, aber mit steigendem Volumen nehmen die Blasen bis zu einem äquivalenten Durchmesser von etwa 7 bis 8 mm eine elliptische Form an, die etwa einem abgeplatteten Rotations-Ellipsoid entspricht. Blasen mit $d_{äq}$ größer als 8 mm, die in einer ruhenden Flüssigkeit aufsteigen, haben die Form einer Kugelkalotte[1]. Die Größe des Kugelkalottendurchmessers wurde aus dem äquivalenten Durchmesser mit der Formel

$$d = d_{äq} \cdot \left(\frac{4}{3}\right)^{1/3} \cdot \left(\frac{2}{3} - \cos\theta + \frac{1}{3}\cos^3\theta\right)^{-1/3} \quad (5)$$

errechnet[2]. Der Winkel θ beträgt für Kugelkalotten rd. 50°[57,58]. Die Größe der Blase an der Oberfläche des Bades wurde mit Hilfe der idealen Gasgesetze ermittelt. Dabei wurde der Kapillardruck vernachlässigt und der ferrostatische Druck berücksichtigt. Bei einer Eintauchtiefe von 7 oder 5,5 cm beträgt der ferrostatische Druck rd. 36 oder 30,5 Torr.

Die Frequenz der Blasenbildung ergibt sich aus dem Verhältnis

$$f = \frac{\dot{V}_g}{V} \quad (6)$$

In <u>Tafel 2</u> sind die berechneten Werte der Blasengrößen zusammengestellt. Der äquivalente Radius der Blasen an der Oberfläche liegt zwischen 7 und 8 mm; er stimmt damit mit dem experimentell ermittelten Radius von 8 mm bei P. Patel[59,60] überein, der allerdings eine kleinere Düse (1,2 mm) und ein höheres Bad (rund 9 cm) verwendete. V.I. Berdnikov, A.M. Levin und K.M. Shakirov[61] maßen den Radius entstehender Blasen experimentell mit einer akustischen Methode, die die Frequenz der Blasenablösung ermittelte. In einem Tammanofen wurde in Roheisen von oben mit einer dickwandigen Düse (Innendurchmesser 3 mm) Argon eingeblasen. Die Düse tauchte 6 cm ein; der Druck in der Blase lag bei fast 1 atm. Aus Bild 2b[61] oder über Gl. 1[61] und Tafel 1[61] erhält man für eine Spülgasmenge von 125 Ncm^3/min einen Blasendurchmesser $d_{äq}$ = 1,1 cm bei einer maximalen Blasenbildungsfrequenz von 20 Hz. Die eigenen Abschätzungen in Tafel 2 geben folglich die Größenordnungen gut wieder.

Nach Beobachtung zahlreicher Versuchsabläufe bei Atmosphärendruck wurde ein Zusammenhang zwischen der Frequenz des Kegelpendelns

des Rotameters und der Blasenbildungsfrequenz gefunden. Wie
bei der Beschreibung der Versuchsdurchführung erwähnt, wurden
während der Versuche 17 bis 30 Kegelsprünge pro Minute gezählt.
Es ist sicher, daß ein Kegelsprung nicht nur der Bildung einer
Blase, sondern mehrerer entspricht. Nach dem Vergleich der gezahlten Kegelsprünge von 30/min mit der berechneten Blasenbildungsfrequenz von 450/min ergibt sich, daß ein Kegelsprung ca.
15 Blasen entspricht.

Nach Tafel 2 haben im Versuch 24 die Blasen bei ihrer Entstehung
an der Düse einen äquivalenten Durchmesser von 1,44 cm, dem ein
Wert für $n_{w,o}$ von rund 10^{-5} Mol entspricht.

Tafel 2 enthält auch noch die durch die Beziehung

$$Re_D = \frac{4}{\pi} \cdot \frac{\dot{V}_g \cdot \varrho_g}{d_D \cdot \eta_g} \quad (7)$$

definierte Düsen-Reynoldszahlen. Die Dichte des Argons wird mit
$1,78 \cdot 10^{-3}$ g/cm^3 [62] bei 0°C und 1 atm angegeben. Die Ermittlung der Viskosität erfolgt an Hand eines Nomogrammes[63] zu
0,085 cP bei 1600°C.

Einfluß des Chromgehaltes

Chrom als Legierungselement hat einen starken Einfluß[53,64 bis 69] auf die Löslichkeit und den Aktivitätskoeffizienten des
Stickstoffs im Eisen. Die Übergangselemente mit kleineren Ordnungszahlen als Eisen (wie beispielsweise Cr, Mn) weisen negative Wirkungsparameter auf[67]. Sie vergrößern die Löslichkeit
des Stickstoffs und begünstigen die Bildung einer Struktur von
der Art einer chemischen Verbindung M_xN. Nach dem gleichen
Verfasser weist der negative Einfluß von Chrom auf den Aktivitätskoeffizienten des Stickstoffs auf eine höhere Konzentration
der Atome dieses Elements in der Nähe der Stickstoffatome gegenüber einer gleichmäßigen Verteilung hin.

S. Banya und Mitarbeiter[49] zeigten bei einer experimentellen
Untersuchung des Einflusses von Zusatzelementen auf die Entstickkung mit Hilfe des Aufblasverfahrens eine starke Erniedrigung
der Stickstoffübergangsgeschwindigkeit bei Erhöhung des Chromge-

haltes. Auch R.D. Pehlke und J.F. Elliott[20] fanden, daß
Chromzusatz den Stickstoffübergang hemmt. Dagegen ermittelten M. Inouye und T. Choh[27] eine Unabhängigkeit des Stoffübergangs vom Chromgehalt, während in einer neueren Arbeit von
M. Inouye und T. Choh[50] sowie von H. Bester und K.W. Lange[70]
eine Beschleunigung des Stickstoffübergangs durch Chromzusatz
festgestellt wurde. Chromzugaben erniedrigen den Diffusionskoeffizienten des Stickstoffs[38].

Nach der von H.D. Kunze[71] beobachteten linearen Proportionalität zwischen Diffusionskoeffizienten und Aktivitätskoeffizienten
des Stickstoffs sollten Chromzugaben eine Behinderung des Stickstoffübergangs zur Folge haben. Der Erhöhung der Löslichkeit
(Aktivität) des Stickstoffs durch Chromzusatz entspricht danach
eine Verminderung des Diffusionskoeffizienten. Dieser Zusammenhang zwischen Diffusion und Löslichkeit wurde auch für Wasserstoff in Eisenlegierungen gefunden[72 bis 74].

In <u>Bild 11</u> werden die Versuchsergebnisse in Abhängigkeit von
der Zeit dargestellt: Der Stickstoffgehalt des Bades wird auch
bei hohen Chromgehalten deutlich herabgesetzt. Ermittelt man
zum Vergleich auf die weiter vorne beschriebene Weise zur Ausschaltung des unterschiedlichen Ausgangsstickstoffgehaltes den
Ausscheidungsgrad über $[N]_r$, ergibt sich <u>Bild 12</u>, aus dem der
deutliche Einfluß steigender Chromgehalte auf die Erniedrigung
der Ausscheidungsgrade des Stickstoffs hervorgeht: Mit einer
Stickstoffanfangskonzentration $[N]_r$ von 210 µgr/grFe und mit
einer Spülgasmenge von 3 Nm^3/t Stahl erfolgt bei Erhöhung des
Chromgehaltes von 10 % auf 20 % ein Abfall des Ausscheidungsgrades um 64,5 %. In <u>Bild 13</u> werden unter anderem die Spüleffekte bei Schmelzen mit 0 % und 10 % Chromgehalt verglichen.
Die erreichten Ausscheidungsgrade sind bei chromhaltigen Schmelzen viel kleiner als bei chromfreien.

R.M. Visokey, G.P. Bernsmann und A. McLean[75] hatten versucht,
Stickstoff aus chromhaltigem, ferritischem Stahl mit einem
Chromgehalt von ca. 26 % zu entfernen. Unter anderem wurde eine
Reihe von fünf Versuchen bei 1 atm Druck durchgeführt. Die verwendete Versuchsanlage war ein Induktionsofen mit einer Schmelze von 182 kg. Aus dem Stahl wurde Stickstoff mit drei verschiedenen Waschgasen (Argon, Wasserstoff und Methan) ausgespült. Das

Einleiten des jeweiligen verwendeten Waschgases in das Bad erfolgte mit einem aus Hochtonerde bestehenden Stopfen, der am Boden des Tiegels angebracht war. Die Höhe des Bades betrug etwa 33 cm. Bei zwei Versuchen, wobei als Spülgas Methan benutzt wurde (Spülgasmenge 2,6 Nm^3/t Stahl), wurde eine Verminderung des Stickstoffs von nur 5o % erreicht, obwohl die Stickstoffanfangskonzentration für diese Schmelzen mit o,4 und o,16 % angegeben waren. Bei den anderen drei Versuchen mit einer Anfangskonzentration zwischen 2oo und 3oo µgr/grFe scheint es, daß keine Stickstoffabnahme erzielt wurde. Besonders bei der Spülgasbehandlung mit Argon war statt einer Stickstoffentfernung eine Zunahme des Stickstoffs zu beobachten. Aus Tafel 2 [75] geht hervor, daß nach einer Argonspülung von 2,6 Nm^3/t Stahl keine C-Abnahme (Anfangs-C-Gehalt o,15 %, End-C-Gehalt o,16 %), sondern eine Erhöhung des Sauerstoffs von 27o auf 4oo µgr/grFe und des Stickstoffs von 25o auf 27o µgr/grFe erreicht wurde. Die Darstellung des zeitlichen Verlaufs der Stickstoffabgabe in Bild 6 [75] zeigt während des Versuchs eine wechselnde Auf- und Entstickung. Daraus wird deutlich, daß durch die Atmosphäre oberhalb der Schmelze eine Verunreinigung des Bades verursacht wird. Entweder war der Ofen nicht genügend dicht und damit ein Eindringen von Luft in den Ofenraum möglich, obwohl der Ofen mit einem Graphitdeckel gesichert war, oder es hat eine Rücklösung des jeweiligen durch Argoneinblasen entfernten Stickstoffs stattgefunden. Eine wechselnde Auf- und Entstickung während der Spülgasbehandlung wurde auch in den eigenen Versuchen beobachtet. Diese Schwierigkeit wurde durch Einblasen eines zusätzlichen Argonstroms in den Reaktionsraum mit Hilfe des Gaseintrittrohres im Ofendeckel gelöst.

R.M. Visokey und Mitarbeiter[75] versuchen eine Erklärung für ihre experimentell gefundenen Ergebnisse zu geben: Die sehr niedrige Aktivität des Stickstoffs, der Druck oberhalb der Schmelze und die nicht genügende Verweilzeit der Blasen im Bad werden als die einzigen Gründe betrachtet, die die Stickstoffentfernung während der Spülentgasung mit Argon behindern. Bild 11 zeigt, daß bei einem Druck von $P_A = 1$ atm bei einer Schmelze mit einem C-Anfangsgehalt von o,12 % und einem Cr-

Gehalt von ca. 2o % eine Entstickung durch Argonspülung möglich ist. Bezieht man sich auf eine vergleichbare Stickstoffanfangskonzentration $[N]_r$ von 25o µgr/grFe, berechnet man für eine Spülgasmenge von 2,6 Nm^3/t Stahl einen Ausscheidungsgrad von 26,2 %.

Einfluß der Gehalte an Chrom und Kohlenstoff

Bild 14 zeigt, wie sich die Stickstoff- und Kohlenstoffgehalte mit zunehmender Argonspüldauer in verschiedenen Fe-C-Cr-Schmelzen ändern, deren Kohlenstoffgehalte um 1 % liegen und deren Chromgehalte von etwa 1 auf 2o % steigen. Die Stickstoffgehalte nehmen deutlich ab, die Kohlenstoffgehalte nicht immer. Ein Vergleich des Einflusses der unterschiedlichen Chromgehalte anhand der Ausscheidungsgrade ist nur möglich, wenn man von vergleichbaren Stickstoffausgangsgehalten $[N]_r$ ausgeht. Wegen der sehr unterschiedlichen Stickstoffgehalte der Schmelzen in Bild 14 gibt es keinen $[N]_r$-Wert, der allen Entstickungskurven gemeinsam ist. Daher wurde der Vergleich gewissermaßen in zwei Etappen anhand der Bilder 15 und 16 vorgenommen. Im Bild 15 werden Schmelzen mit kleinen Chromgehalten einschließlich des Versuchs 27 ohne Chrom und in Bild 16 Schmelzen mit hohen Chromgehalten verglichen. Aus beiden Bildern geht hervor, daß bei Schmelzen mit einem Anfangskohlenstoffgehalt von etwa 1 % mit steigenden Chromgehalten die erreichbaren Ausscheidungsgrade für eine bestimmte Spülgasmenge kleiner werden.

Während bei chromfreien Schmelzen mit steigendem Kohlenstoffgehalt der Stickstoffausscheidungsgrad merklich ansteigt (vgl. Bild 8 oder Bild 17), werden mit einer bestimmten Spülgasmenge bei Schmelzen mit rund 1o % Chrom und unterschiedlichen Kohlenstoffgehalten von o,12 oder 1 % fast die gleichen Ausscheidungsgrade erreicht (vgl. Bild 17). Bei höheren Chromgehalten von rund 2o % sind die erreichten Ausscheidungsgrade beim Kohlenstoffgehalt von 1 % größer als bei einem solchen von o,12 % (vgl. Bilder 12 und 16). Dieser Unterschied bleibt auch bestehen, wenn man von gleichen $[N]_r$-Werten ausgeht.

Aus diesem Grund wird Bild 17 auch in bezug auf die Schmelze mit rund 1o % Chrom für richtig gehalten, obwohl in den Bil-

dern 13 und 15 die Kurve für die C-arme Schmelze etwas über der
für die C-reiche liegt. In Bild 17 wird der Ausscheidungsgrad
des Stickstoffs in Abhängigkeit vom Cr-Gehalt bei Schmelzen
mit verschiedenen C-Anfangsgehalten und für verschiedene Spülgasmengen dargestellt. Das Bild zeigt deutlich den behindernden
Einfluß des Chroms auf den Ausscheidungsgrad des Stickstoffs bei
höheren Spülgasmengen, wo die erreichten Ausscheidungsgrade
größer sind und damit die Stickstoffgehalte des Bades niedriger.
Es zeigt auch den begünstigenden Einfluß steigender Kohlenstoffgehalte, nur ist dieser Effekt besonders bei hohen Chromgehalten klein. Es sieht so aus, als ob die spezifische Wirkung
des Kohlenstoffs bei steigenden Chromgehalten nachläßt. Grundsätzlich wirken aber beide Elemente auch in ihrer Kombination
weiterhin in die Richtung, in die sie einzeln wirken.

Einfluß der Gehalte an Chrom und Nickel

Auch beim Zulegieren von Nickel zu chromhaltigen niedriggekohlten Stahlschmelzen kann der Stickstoffgehalt durch Spülen mit
Argon abgesenkt werden, wie Bild 18 zeigt. Der Kohlenstoffgehalt vermindert sich dabei ebenfalls, zumindest wurde dies bei
zwei Versuchen beobachtet.

Die Erniedrigung der Löslichkeit des Stickstoffs in Eisen und
Eisenlegierungen durch Nickelzusätze ist mehrfach untersucht
worden[53,65,76 bis 79]. J. Banya und Mitarbeiter[49] finden
beim Aufblasen von Argon eine kleine Erhöhung der Stoffübergangsgeschwindigkeit des Stickstoffs durch Nickelzugaben.

Ein Vergleich der ausspülenden Wirkung des Argons in den unterschiedlich legierten Stahlschmelzen ist wiederum nur möglich, wenn man sich auf einen gemeinsamen $[N]_r$-Wert bezieht.
Dieser Vergleich wird in Bild 19 vorgenommen. Dort kann man
zwei Kurvengruppen klar voneinander trennen, die sich im Chromgehalt unterscheiden. Auch hier kommt die ausspülbehindernde
Wirkung steigender Chromgehalte klar zum Ausdruck. Innerhalb
jeder Gruppe verbessert sich aber der Stickstoffausscheidungsgrad, sobald der Nickelgehalt der Schmelze steigt: Aus Bild 19
geht hervor, daß bei Cr-haltigen Schmelzen Zugaben von Nickel
eine kleine Erhöhung des Ausscheidungsgrades des Stickstoffs
zur Folge haben.

In <u>Bild 20</u> wird die Wirkung des Nickels auf den Ausscheidungsgrad des Stickstoffs bei chromhaltigen Schmelzen für verschiedene Spülgasmengen gezeigt. Der Einfluß des Nickels scheint wieder im Gegensatz zu dem des Chroms nicht groß zu sein. Trotzdem ist durch Nickelzugabe eine bessere Entstickung zu erwarten.

<u>Einfluß des Siliciumgehaltes</u>

Silicium als Zusatzelement übt einen großen Einfluß sowohl auf die Löslichkeit[26,53,80 bis 82] als auch auf den Aktivitätskoeffizienten des Stickstoffs[26,53,82] in flüssigem Eisen aus, es vermindert die Löslichkeit und erhöht den Aktivitätskoeffizienten. Die Wirkung des Siliciums auf die Stoffübergangsgeschwindigkeit des Stickstoffs während der Entstickung durch Argonaufblasen wird von S. Banya und Mitarbeiter[49] erläutert. Aus dem dort angegebenen Bild 7 ergibt sich, daß eine kleine Zugabe von Silicium in das Bad die Stoffübergangsgeschwindigkeit des Stickstoffs bis zu einem Siliciumgehalt von rd. 3 % außerordentlich erhöht. Ab diesem Gehalt bleibt die Stoffübergangsgeschwindigkeit dann fast konstant. Zu ähnlichen Ergebnissen gelangten M. Inouye und T. Choh[27] sowie R.D. Pehlke und J.F. Elliott[20], während von H. Bester und K.W. Lange[70] bis rund 5 % Si zunächst eine Behinderung und erst bei höheren Si-Gehalten eine Beschleunigung des Stickstoffübergangs gefunden wurde.

<u>Bild 21</u> zeigt die eigenen Versuchsergebnisse in Form der zeitlichen Änderung der Stickstoff- und Kohlenstoffgehalte im Bad. Im <u>Bild 22</u> werden die Ausscheidungsgrade des Stickstoffs in Abhängigkeit von der verbrauchten Spülgasmenge für eine Si-freie und für eine Schmelze mit ca. 5 % Silicium dargestellt. Die erreichten Ausscheidungsgrade bei der Si-haltigen Schmelze sind im Vergleich zu denen bei der Si-freien höher.

<u>Einfluß des Schwefelgehaltes allein und zusammen mit Silicium</u>

Die Gegenwart grenzflächenaktiver Stoffe wie Sauerstoff oder Schwefel bewirkt unabhängig von den Ansichten über den Mechanismus der Stickstoffentfernung eine erhebliche Verringerung des Stickstoffübergangs[2 bis 5,15,16,18,20,25,26,27,39 bis 44, 48 bis 52]. Dieser Einfluß beruht auf einer adsorptiven Anreicherung der grenzflächenaktiven Stoffe an der Phasengrenze, wodurch eine Übergangsbehinderung und/oder eine Veränderung der Grenzflächenhydrodynamik und entsprechend eine Änderung der Transportgeschwindigkeit verursacht werden kann.

Die Wirkung des grenzflächenaktiven Schwefels wirkte sich bei den eigenen Versuchen deutlich aus, als nach vierminütigem Einleiten eines Stroms reinen Stickstoffs in schwefelhaltige Schmelzen keine Aufstickung stattgefunden hatte: Die Analysenwerte für den Stickstoff sind nach der Aufstickung ungefähr die gleichen wie die Stickstoffgehalte des Einsatzes vor der Aufstickung. Es ist aber immerhin möglich, diesen Stickstoffgehalt dann durch das Argonspülen abzusenken, wie aus den <u>Bildern 23 bis 25</u> für Schmelzen mit Schwefelgehalten über 0,3 % und unterschiedlichen Siliciumgehalten hervorgeht.

Bei einer vergleichenden Betrachtung der Stickstoffausspülung aus verschiedenen Fe-S-Si-Legierungen in <u>Bild 26</u> wird die entstickungshemmende Wirkung des Schwefels bei den Versuchen unter Atmosphärendruck deutlich. Während bei kleinen S-Gehalten (ca. 0,03 %) eine gute Entstickung erzielt wird (Versuch 23), wird sie bei 0,5 % S-Gehalt stark behindert (Versuch 52). Durch Zulegieren von Silicium bei ungefähr gleichbleibendem Schwefelgehalt wird die Entstickung merklich besser (Versuch 53). Dies war wegen der erhöhenden Wirkung des Siliciums auf den Stickstoffübergang auch zu erwarten. Außerdem kommt eine desoxydierende Wirkung des Siliciums hinzu. Ein Senken des Schwefelgehaltes auf 0,32 % bei annähernd gleichem Si-Gehalt hat eine bessere Wirkung der Argonspülung zur Folge (Versuch 56). Somit wird ersichtlich, daß der grenzflächenaktive Stoff Schwefel den Stickstoffübergang sehr stark hemmend beeinflußt. Eine Entschwefelung[83 bis 91] des Bades entweder durch Verdampfung von S und S_2 oder in Anwesenheit von Silicium durch Bildung gasförmigen SiS wurde nicht beobachtet. Weder der Schwefel- noch der Siliciumgehalt der Schmelzen änderten sich während der Spülgasbehandlung. Nach früheren Untersuchungen[1] ist eine merkliche Entschwefelung durch Spülgas praktisch nicht zu erwarten, da die Sievertssche Konstante groß ist. Auch bei einem Schwefelgehalt von 0,183 Gew.-% ist der Gleichgewichtspartialdruck des Schwefelgases in der Blase nur 0,29 g/cm $\cdot$ s^2. Weil der Diffusionskoeffizient für Schwefel in der gleichen Größenordnung wie beim Stickstoff liegt[92], erfolgt die Sättigung der Blase innerhalb eines sehr kurzen Aufstiegsweges an S_2. Unter der Voraussetzung, daß diese Sättigung bis zum Erreichen der Badoberfläche konstant gehalten wird, enthält die Blase bei $P_A = 1$ atm nur $3 \cdot 10^{-5}$ Vol.-% S_2.

Versuchsergebnisse bei Unterdruck und ihre Diskussion

Einfluß der Absenkung des Gesamtdruckes

In den Bildern 27 bis 30 werden die Veränderungen der Stickstoff- und Kohlenstoffgehalte des Bades in Abhängigkeit von der Zeit oder der verbrauchten Spülgasmenge für verschiedene Unterdrucke mitgeteilt. Beide Gehalte werden kleiner. Berechnet man mit diesen experimentellen Daten die Ausscheidungsgrade für den Stickstoff und den Kohlenstoff, kommt man zu den Bildern 31 und 32. Der Stickstoffausscheidungsgrad zeigt das zu erwartende Verhalten. Er steigt bei einem bestimmten Unterdruck mit der verbrauchten Spülgasmenge, er steigt aber auch, wenn bei gleichbleibender Spülgasmenge der Druck über der Schmelze absinkt. Zur Verdeutlichung dieser Abhängigkeit dient Bild 33, das die Wirkung des Drucks oberhalb der Schmelze auf den Ausscheidungsgrad des Stickstoffs für verschiedene Spülgasmengen zeigt. Bild 33 ging aus Bild 31 hervor, indem dort bei bestimmten Spülgasverbrauchsmengen und konstantem Unterdruck die Ausscheidungsgrade abgelesen wurden. Man sieht, daß mit steigenden Spülgasmengen und Verminderung des Drucks ein größerer Ausscheidungsgrad des Stickstoffs erreicht wird.

Aus den Bildern 27 bis 30 und 32 geht hervor, daß CO in erheblichen Mengen entstehen muß. Dieses in die Gasblasen eintretende CO vergrößert deren Volumen und erniedrigt in ihnen den Partialdruck des Stickstoffs. Beide Vorgänge unterstützen die Entstickung.

Vergleich mit Modellrechnungen

Die experimentellen Ergebnisse stützen damit frühere theoretische Ergebnisse[2,4,5], wonach eine Erniedrigung des Außendrucks zu einer Erhöhung der ausgespülten Stoffmengen führt und wonach die Ausspülung des Kohlenmonoxids die Entfernung anderer gasförmiger Stoffe, wie beispielsweise Stickstoff, verbessert.

W. Geller[47,93,94] leitete eine Gleichung ab, die die jeweilige benötigte Spülgasmenge für die Stickstoffentfernung beschreibt; aus ihr ergibt sich die Näherungsgleichung:

$$Sp = 1{,}5 \cdot 10^{-2} \cdot P_A \left(\frac{1}{[N]_t} - \frac{1}{[N]_o} \right) \quad (8)$$

Gleichung (8) basiert auf folgenden Grundlagen: Das Spülgas ist in der Schmelze praktisch unlöslich und reagiert weder mit dieser noch mit dem auszuspülenden Gas; in der Schmelze ist nur ein Gas gelöst, und in den als unendlich klein angenommenen Spülgasblasen wird vom auszuspülenden Gas bis zum Eintreffen der Blasen an der Badoberfläche der Sättigungsdruck, d.h. der Gleichgewichtszustand erreicht. Führt man in Gleichung (8) den Ausscheidungsgrad nach Gleichung (1) ein, erhält man

$$Sp = 1{,}5 \cdot 10^{-2} \cdot P_A \cdot \frac{W_N}{[N]_o (1-W_N)} \quad \text{(Geller)} \quad (9)$$

oder

$$\frac{W_N}{1-W_N} = \frac{100 \, [N]_o}{1{,}5} \cdot Sp \cdot \frac{1}{P_A} = m \cdot \frac{1}{P_A} \quad (10)$$

mit

$$m = \frac{100 \, [N]_o}{1{,}5} \cdot Sp \quad (11)$$

d.h. bei geschickter Wahl der Variablen sollten sich Geraden durch den Nullpunkt ergeben.

In <u>Bild 34</u> wurden die bereits beim Bild 33 benutzten Werte als $W_N/(1-W_N)$ über dem reziproken Wert des jeweiligen Drucks oberhalb der Schmelze dargestellt. Für sehr kleine Spülgasmengen von 0,1 bis 0,3 Nm^3/t Stahl und für einen Druckbereich von 650 bis 75 Torr ist deutlich ein linearer Zusammenhang zu erkennen.

Dasselbe gilt auch für größere Spülgasmengen bis 0,6 Nm³/t
Stahl und für einen Druckbereich von 650 bis 350 Torr. Leider standen keine experimentellen Werte von W_N für größere
Spülgasmengen als 0,3 Nm³/t Stahl und für kleinere Drücke als
350 Torr zur Verfügung, weil Versuche mit kleineren Drücken
und größeren Spülgasmengen als 0,3 Nm³/t Stahl technisch nicht
zu verwirklichen waren.

Die aus den Geraden von Bild 34 berechneten Steigungen wurden
in <u>Bild 35</u> gegen die verbrauchten Spülgasmengen aufgetragen.
Wie man es nach der Beziehung (11) erwarten konnte, ist ein
linearer Zusammenhang zwischen den Steigungen und den verbrauchten Spülgasmengen gegeben. Einer Spülgasmenge von
0,3 Nm³/t Stahl entspricht beispielsweise eine Steigung von
0,18. Setzt man diesen Wert in Gleichung (11) ein, berechnet
man mit einem Mittelwert für $[N]_0$ von 40 µgr/grFe für die
Spülgasmenge Sp den Wert Sp = 0,675 Nm³/t Stahl. Diese berechnete Spülgasmenge ist im Vergleich zu der im Beispiel
bei den Versuchen gebrauchten Menge von 0,3 Nm³/t Stahl um
einen Faktor von 2,25 größer, d.h. die Gleichung (8) von
Geller liefert zu hohe Spülgasmengen.

Die Tatsache, daß bei der Spülgasbehandlung unter Unterdruck
eine starke CO-Bildung stattfand, führte zu größeren Entstickungsgraden als wenn die Entstickung ohne CO-Bildung
stattfände, was eine Voraussetzung für die Gültigkeit der abgeleiteten Näherungsgleichung (8) ist. Aus Bild 32, in dem W_C
gegen den Spülgasverbrauch dargestellt ist, kann man entnehmen,
daß mit sinkendem Druck mehr CO entwickelt wird: Der Kohlenstoffausscheidungsgrad wächst mit sinkendem Druck.

Durch diese Versuche in einem Druckbereich von 75 bis 650 Torr
und mit Spülgasmengen von 0,1 bis 0,6 Nm³/t Stahl wurde gezeigt, daß mit einer mittleren Stickstoffanfangskonzentration
von 40 µgr/grFe Gleichung (11) nur gilt, wenn die Konstante
darin mit einem Faktor 2,25 multipliziert wird. Es gilt also

$$\frac{W_N}{1-W_N} = 2{,}25 \; m \cdot \frac{1}{P_A} \qquad (12)$$

oder

$$Sp = \frac{1{,}5}{100 \cdot 2{,}25} \cdot \frac{P_A}{0{,}004} \cdot \frac{W_N}{1-W_N} = 1{,}67 \; P_A \cdot \frac{W_N}{1-W_N} (exp.) \qquad (13)$$

wobei für $[N]_0$ der mittlere Wert von 4o µgr/grFe eingesetzt wurde.

In Bild 33 wurde die Gleichung (13) mit den Versuchswerten verglichen. Die Übereinstimmung ist bei kleinen Spülgasmengen besder als bei großen, bei denen die Gleichung (13) höhere Ausscheidungsgrade liefert.

Innerhalb des experimentell untersuchten Druckbereichs wird der qualitative Zusammenhang zwischen Spülgasmenge, Außendruck und Ausscheidungsgrad nach Gleichung (13) auch von den früheren Rechnungen[4] bestätigt, d.h. bei einer Druckabsenkung von 1 auf o,1 atm sinkt die Spülgasmenge bei gleichem $W_N(1-W_N)^{-1}$-Verhältnis ungefähr um ein Zehntel, oder das Verhältnis wird 1o-fach größer bei gleicher Spülgasmenge.

Überprüft man den experimentell gefundenen Korrekturfaktor anhand der theoretisch berechneten Ergebnisse, findet man, daß er den Einfluß des wichtigsten "Sekundärspülgases", nämlich des Kohlenmonoxids, deutlich widerspiegelt: Er wächst, wenn das Übersättigungsverhältnis[4] größer wird und damit die beim Spülentgasen entstehende CO-Menge. Bei hohem Übersättigungsverhältnis steigt der Korrekturfaktor mit sinkendem Druck stärker an als bei kleinem Übersättigungsverhältnis, was wieder als ein Hinweis auf den Einfluß der gebildeten CO-Menge auf die Entstikkung verstanden werden muß.

Experiment und Rechnung bestätigen erneut[4], daß die Ansätze von W. Geller nur im Rahmen ihrer Voraussetzungen den Erfolg einer Spülentgasung vorhersagen können.

Einfluß der Badbewegung und des entstehenden Kohlenmonoxids

Grundsätzlich ist zu erwarten, daß bei Anwendung von Unterdruck und beim Einbringen von Argon in den Raum oberhalb der Schmelze auch ohne Argonspülung der Schmelze eine Entgasung über die Schmelzoberfläche stattfindet, dies umso mehr, wenn die Schmelze durch das Induktionsfeld gerührt wird. Zur Untersuchung des Ausmaßes der Entgasung unter diesen Verhältnissen wurden Entstickungsversuche ohne Argonspülung unternommen. Die Versuchsergebnisse wurden im Bild 36 für zwei Schmelzen mit unterschiedlichem Kohlenstoffgehalt bei einem Druck von 150 Torr dargestellt. Bei der Betrachtung der erzielten Ausscheidungsgrade in den Bildern 37 und 38, in die auch der "normale" Spülversuch 65 miteingezeichnet wurde, werden die Unterschiede deutlich: Zwar nahmen die Stickstoffausscheidungsgrade mit zunehmender Spülzeit zu, aber im unterschiedlichen Ausmaß. Bei der Schmelze mit dem geringen Kohlenstoffgehalt war die Entstickung sehr klein, eine CO-Bildung fand nicht statt. Der Kohlenstoffausscheidungsgrad ist nach Bild 38 Null. Während des Versuchs war keine Blasenbildung zu sehen, d.h. die kleine Stickstoffabnahme wurde nur durch konvektive Diffusion im Bad und Entstickung über die Oberfläche des Bades hervorgerufen. Bei den Schmelzen mit 0,12 % C war die Entstickung größer als bei der kohlenstoffarmen Schmelze; die Entstickung war ohne Argoneinblasen jedoch nur ungefähr halb so groß wie mit Argoneinblasen. Während des Versuchs ohne Argoneinleitung wurde eine Blasenentwicklung beobachtet, d.h. eine CO-Bildung hat stattgefunden, die auch aus dem Bild 38 abzuleiten ist.

Die Stickstoffentfernung war also in allen Fällen möglich, sie wurde aber besser, wenn CO-Blasen entstehen konnten (Versuch 72), die als Waschgas für den gelösten Stickstoff wirkten. Sie war am besten, wenn außerdem noch Spülgas in die Schmelze eingeleitet wurde (Versuch 65).

Einfluß von Schwefel allein oder zusammen mit Silicium

Auch bei Unterdruck wurden die gleichen Erscheinungen wie bei Normaldruck beobachtet: Schwefel behinderte erheblich die Entstickung, durch Zulegieren von Silicium bei ungefähr gleichem Schwefelgehalt wurde sie besser. Bild 39 zeigt die Versuchsergebnisse für eine Schmelze mit 0,48 % Schwefel und eine zweite mit etwa dem gleichen Schwefelgehalt und zusätzlich 4,9 % Silicium. Die Versuche wurden bei 350 Torr Gesamtdruck gefahren. Sie wurden anhand der Ausscheidungsgrade in Bild 31 mit den Ergebnissen an unlegierten Stahlschmelzen verglichen (Versuche 61 und 64). Der Schwefelzusatz bei Versuch 68 verringerte erheblich die Stickstoffentfernung. Eine Zugabe von rund 4,9 % Silicium hatte bei ungefähr gleichbleibendem

Schwefelgehalt der Schmelze eine merkliche Verbesserung der Entstickung zur Folge. Trotzdem erreichten die Stickstoffausscheidungsgrade auch dann nur etwa die Hälfte der Werte bei schwefelarmen Schmelzen (Versuche 61 und 64).

Die verbessernde Wirkung des Siliciums auf die Entstickung von schwefelhaltigen Schmelzen war bei einem Gesamtdruck von 350 Torr im Vergleich zu der bei Normaldruck viel größer, wie man durch einen Vergleich der Kurven zu den Versuchen 68 und 69 in Bild 31 und zu den Versuchen 52 und 53 in Bild 26 erkennt.

Eine Entschwefelung[85 bis 87,89,90] des Bades entweder durch Verdampfung von S und S_2 oder in Anwesenheit von Silicium durch Bildung gasförmigen SiS wurde wie bei den Versuchen bei Normaldruck auch bei den Versuchen unter Unterdruck nicht beobachtet. Weder die Schwefel- noch die Siliciumgehalte der Schmelzen änderten sich im Lauf der Spülgasbehandlung unter Vakuum. Weiter vorne wurde auf frühere Rechnungen[1] hingewiesen, wonach eine Spülgasblase bei einem Gesamtdruck von 1 atm und einem Bad-Schwefelgehalt von 0,183 % nur $3 \cdot 10^{-5}$ Vol.-% S_2 enthält. Mit sinkendem Gesamtdruck wird dieser Schwefelgehalt in der Blase zwar größer, aber selbst bei einem Gesamtdruck von 0,75 Torr enthält die Blase an der Badoberfläche nur 0,029 Vol.-% S_2.

V.D. Shegal[86] deutete an, daß eine Entschwefelung durch SiS nur bei Drücken unter 1 Torr zu erwarten ist.

+ + +

Diese Arbeit wurde mit Mitteln des Landesamt für Forschung des Landes Nordrhein-Westfalen gefördert. Privatdozent Dr.-Ing. Demetrios Papamantellos half bei der Erstellung des Versuchsprogramms und gab seinen Rat bei der Versuchsdurchführung und der Versuchsauswertung.
Wir danken auch an dieser Stelle für die Hilfe.

Zusammenfassung

Die Spülentgasung von Stahlschmelzen wurde experimentell am Beispiel der Stickstoffentfernung mit in Eisenschmelzen eingeblasenem Argon bei Atmosphärendruck und unter Vakuum bei 1600°C untersucht; dabei wurden die zeitliche Änderung des Stickstoffgehaltes durch Analyse gezogener Proben verfolgt und der Stickstoffausscheidungsgrad als Funktion des Spülgasverbrauchs angegeben.

Bei gleichem Spülgasverbrauch steigt der Stickstoffausscheidungsgrad mit wachsendem Ausgangsstickstoffgehalt und mit wachsendem Kohlenstoffgehalt. Die Versuchsergebnisse stimmen mit Ergebnissen aus Modellrechnungen überein. Die Anfangsblasengröße wird abgeschätzt, diese Abschätzung stimmt gut mit Beobachtungen aus dem Schrifttum überein.

Die Untersuchung des Einflusses weiterer Legierungselemente erbrachte folgende Ergebnisse: Steigende Chromgehalte erniedrigen deutlich den Stickstoffausscheidungsgrad. Ein Zusatz von Kohlenstoff begünstigt die Stickstoffentfernung; jedoch ist dieser Effekt besonders bei hohen Chromgehalten klein. Das Zulegieren von Nickel zu chromhaltigen, niedriggekohlten Stahlschmelzen erhöht den Stickstoffausscheidungsgrad. Der Einfluß des Nickels ist klein im Vergleich zu dem des Chroms. Silicium erhöht den Stickstoffausscheidungsgrad, Schwefel setzt ihn herab.

Die Absenkung des Gesamtdrucks über der Schmelze verbessert die Entstickung, indem entweder der Stickstoffausscheidungsgrad mit der verbrauchten Spülgasmenge steigt oder indem die zur Erzielung eines bestimmten Ausscheidungsgrades verbrauchte Spülgasmenge kleiner wird. Die experimentellen Ergebnisse stützen frühere theoretische Ergebnisse, wonach eine Erniedrigung des Außendrucks entweder zu einer Erhöhung der ausgespülten Gasmengen oder zu einer Verminderung des Spülgasverbrauchs führen und wonach die Ausspülung des Kohlenmonoxids die Entfernung anderer gasförmiger Stoffe, wie beispielsweise Stickstoff, verbessert.

Auch bei Unterdruck behindert Schwefel erheblich die Entstickung, durch Zulegieren von Silicium verbessert sie sich. Der vorteilhafte Einfluß des Unterdrucks auf die Entstickung bleibt jedoch erhalten.

Schrifttumsverzeichnis

1) Lange, K.W., M. Ohji, D. Papamantellos u. H. Schenck: Arch. Eisenhüttenwesen 4o (1969) S. 99/1o7

2) Ohji, M., D. Papamantellos, K.W. Lange u. H. Schenck: Arch. Eisenhüttenwesen 41 (1970) S. 321/31

3) Lange, K.W., K. Okohira, D. Papamantellos u. H. Schenck: Arch. Eisenhüttenwesen 42 (1971) S. 1/4

4) Lange, K.W., K. Okohira, D. Papamantellos u. H. Schenck: Arch. Eisenhüttenwesen 42 (1971) S. 311/23

5) Papamantellos, D., K.W. Lange, K. Okohira u. H. Schenck: Metallurg. Trans. 2 (1971) S. 3135/44

6) Houston, R. u. F.S. Death: In: Proc. Electric Furnace Steel Conf. 2o (1962). New York 1963. S. 4o/52

7) Choulet, R.J., R.L.W. Holmes u. L.R. Chrzan: J. Metals 18 (1966) S. 72/78

8) Duflot, J., J. Verge u. E. Spire: J. Metals 19 (1967) S. 417/18

9) Fitzgerald, R.A., H.W. Bennett u. M.W. Pepper: Proc. Nat. Open-Hearth and Basic Oxygen Steel Conf., Iron Steel Div., Amer. Inst. min., metallurg., and petrol Engrs. Vol. 53. 197o. S. 188/95

1o) Lonardo, P. u. F. Belgrano: Atti notizie 26 (1971) S.1o/24

11) Holmes, R.L.W. u. J.G. Harhai: J. Metals 25 (1973) S.22/3o

12) Kepka, M., Z. Kletečka u. M. Kostohrzy: Neue Hütte 19 (1974) S. 143/47

13) Schenck, H.: Stahl u. Eisen 84 (1964) S. 311/26

14) Bogdandy, L. v., W. Dick u. N. Stranski: Arch. Eisenhüttenwesen 29 (1958) S. 329/37

15) Fischer, A.W. u. A. Hoffmann: Arch. Eisenhüttenwesen 31 (1960) S. 215/19

16) Fischer, W.A. u. A. Hoffmann: Arch. Eisenhüttenwesen 31 (1960) S. 411/17

17) Bogdandy, L. v.: Arch. Eisenhüttenwesen 32 (1961) S.275/86

18) Knüppel, H. u. F. Oeters: Arch. Eisenhüttenwesen 33 (1962) S. 729/43

19) Kraus, Th.: Schweiz. Arch. angew. Wiss. Techn. 28 (1962) S. 452/68

2o) Pehlke, R.D. u. J.F. Elliott: Trans. metallurg. Soc. AIME 227 (1963) S. 844/55

21) Schenck, H. u. E. Steinmetz: Arch. Eisenhüttenwesen 38 (1967) S. 1/6

22) Fedorchenko, V.I., V.V. Averin u. A.M. Samarin: Russian Metallurgy (1969) (1) S. 31/38

23) Ivanov, A.G., A.G. Shalimov u. G.N. Okorokov: Russian Metallurgy (197o) (2) S. 51/54

24) Hupfer, P., H. Abratis, H. Maas u. M. Wahlster: Arch. Eisenhüttenwesen 42 (1971) S. 761/67
25) Fischer, W.A. u. A. Hoffmann: Arch. Eisenhüttenwesen 33 (1962) S. 583/88
26) Schenck, H., M.G. Frohberg u. H. Heinemann: Arch. Eisenhüttenwesen 33 (1962) S. 593/6oo
27) Inouye, M. u. T. Choh: Trans. Iron Steel Inst. Japan 8 (1968) S. 134/45
28) Mori, K. u. M. Sano: In: Kinetik metallurgischer Vorgänge bei der Stahlherstellung. Düsseldorf 1972, S. 516/37
29) Bradshaw, A.V. u. D. Richardson: In: Vacuum degassing of steel. London 1965. S. 1/23 (Iron Steel Inst. Spec. Rep.92)
3o) Bradshaw, A.V.: Le Vide 23 (1968) S. 376/415
31) King, Th. B.: In: Vacuum Metallurgy. New York 1958, S. 35/58
32) Richardson, F.D.: Iron Coal Trades Rev. 183 (1961) S. 11o5/16
33) Davenport, W.G., D.H. Wakelin u. A.V. Bradshaw: In: Heat and mass transfer in process metallurgy. Symposium London 1966, S. 2o7/4o
34) Oeters, F.: Archiv Eisenhüttenwesen 37 (1966) S.2o9/19
35) Davenport, W.G., A.V. Bradshaw u. F.D. Richardson: J. Iron Steel Inst. 2o5 (1967) S. 1o34/42
36) Parker, R.H.: In: An introduction to chemical metallurgy. Oxford 1967, S. 1/361
37) Inouye, M., Y. Kojima, C. Takao, S. Uekawa u. Y. Yamada: Trans Iron Steel Inst. Japan 13 (1973) S. 29/37
38) Kunze, H.D.: Arch. Eisenhüttenwesen 44 (1973) S. 71/8o
39) Kootz, T.: Stahl u. Eisen 79 (1959) S. 135/37
4o) Naeser, G. u. W. Scholz: Stahl u. Eisen 79 (1959) S.137/41
41) Kozakévitch, P. u. G. Urbain: In: Stickstoff in Metallen, Tagung in Freiberg 1964. Berlin 1965, S. 36/5o
42) Swisher, J.H. u. E.T. Turkdogan: Trans. metallurg. Soc. AIME 239 (1967) S. 6o2/1o
43) Schenck, H., E. Steinmetz u. R. Thielmann: Arch. Eisenhüttenwesen 44 (1973) S. 27/34
44) Kunze, H.D.: Arch. Eisenhüttenwesen 44 (1973) S. 427/34
45) Boorstein, W.M. u. R.D. Pehlke: Trans metallurg. Soc. AIME 245 (1969) S. 1843/56
46) Bester, H. u. K.W. Lange: Arch. Eisenhüttenwesen 47 (1976) S. 333/38
47) Knüppel, H.: Desoxydation und Vakuumbehandlung von Stahlschmelzen. Band 1. Düsseldorf 197o.
48) Mori, K. u. K. Suzuki: Trans. Iron Steel Inst. Japan 1o (197o) S. 232/38

49) Banya, S., T. Shinohara, H. Tozaki u. T. Fuwa:
Proc. Int. Conf. Science Techn. Iron Steel 197o.
Tokyo 1971, S. 538/43. Suppl. to: Trans. Iron Steel
Inst. Japan 11 (1971)

5o) Inouye, M. u. T. Choh: Trans. Iron Steel Inst. Japan 12 (1972) S. 189/96

51) Narita, K., S. Koyama, T. Makino u. M. Okamura: Trans. Iron Steel Inst. Japan 12 (1972) S. 444/53

52) Shimyo, K. u. T. Takami: Proc. Int. Conf. Science Techn. Iron Steel 197o. Tokyo 1971, S. 543/47 (Suppl. to: Trans. Iron Steel Inst. Japan 11 (1971)).

53) Pehlke, R.D. u. J.F. Elliott: Trans metallurg. Soc. AIME 218 (196o) S. 1o88/11o1

54) Mersmann, A.: V.D.I.-Forschungsheft 491 (1962) S. 1/44

55) Kozakévitch, P.: Surface activity in liquid metal solutions. In: Soc. Chem. Industry Monograph Nr. 28, 1968: Surface Phenomena of Metals. Papers of a Symposium of the Soc. Chem. Ind., 2o.-22. Sept. 1967 at Brunel University, Acton, London, S. 223/45

56) Borgmann, F.-O. u. M.G. Frohberg: Arch. Eisenhüttenwesen 44 (1973) S. 337/4o

57) Davies, R.M. u. G.I. Taylor: Proc. Roy. Soc., London, Ser. A.2oo (195o) S. 375/9o

58) Baird, M.H.I. u. J.F. Davidson: Chem. Engng. Sci. 17 (1962) S. 87/93

59) Patel, P.: In: Chemical Metallurgy of Iron and Steel. London 1973 (Iron Steel Inst. Spec. Rep. 146) S. 1o4/o6

6o) Patel, P.: Arch. Eisenhüttenwesen 44 (1973) Nr. 6, S.435/41

61) Berdnikov, V.I., A.M. Levin u. K.M. Shakirov: Steel USSR 4 (1974) S. 8o4/7

62) Argon in der Metallurgie. Ludwigshafen 1966 (Mitt. Verfahrenstechn. Versuchsgruppe der BASF. Bd. 17)

63) Delijannis, A.A.: Technik d. Flüssigkeiten. Bd. 2. Athen 1966 (griech.)

64) Humbert, J.C. u. J.F. Elliott: Trans. metallurg. Soc. AIME 218 (196o) S. 1o76/88

65) Wada, H., K. Gunji u. T. Wada: Trans. Iron Steel Inst. Japan 8 (1968) S. 329/36

66) Nizhel'skiy, P.E. u. S.G. Ryskina: Russian Metallurgy (1969) (4) S. 165/69

67) Cosma, D.: Arch. Eisenhüttenwesen 41 (197o) S. 3o9/13

68) Men'shenin, V.M., S.V. Bezobrzov u. Yu.A. Danilovich: Russian Metallurgy (1972) (4) S. 22/25

69) Zitter, H. u. L. Habel: Arch. Eisenhüttenwesen 44 (1973) S. 181/88

7o) Bester, H. u. K.W. Lange: Arch. Eisenhüttenwesen 47 (1976) S. 665/7o

71) Kunze, H.D.: Arch. Eisenhüttenwesen 44 (1973) S.173/79
72) Sacris, E.M. u. N.A.D. Parlee: Metallurg. Trans. 1 (1970) S. 3377/82
73) Depuydt, P.J. u. N.A.D. Parlee: Metallurg. Trans. 3 (1972) S. 525/32
74) Bester, H. u. K.W. Lange: Arch. Eisenhüttenwesen 48 (1977) S. 487/93
75) Visokey, R.M., G.P. Bernsmann u. A. McLean: Met. Trans. 3 (1972) S. 1163/67
76) Schenck, H., M.G. Frohberg u. H. Graf: Arch. Eisenhüttenwesen 30 (1959) S. 533/37
77) Humbert, J.C. u. J.F. Elliott: Trans. metallurg. Soc. AIME 218 (1960) S. 1076/88
78) Blossey, R.G. u. R.D. Pehlke: Trans. metallurg. Soc. AIME 236 (1966) S. 566/69
79) Pomarin, Yu.M., G.M. Grigorenko, V.I. Lakomskiy, G.F. Torkhov u. A.V. Sherevera: Russian Metallurgy (1972) (4) S. 19/22
80) Vaughan, J.C. u. J. Chipman: Trans. Amer. Inst. Min. Metallurgy Eng., Iron Steel Div., 140 (1940) S. 224/32
81) Frohberg, M.G.: Stahl Eisen 79 (1959) S. 1821/22
82) Pearce, M.L.: Trans. metallurg. Soc. AIME 227 (1963) S. 1393/1400
83) Sehgal, V.D. u. A. Mitchell: J. Iron Steel Inst. 202 (1964) S. 216/20
84) Peters, R.J.W., C.R. Masson u. S.G. Whiteway: Trans. Faraday Soc. 61 (1965) S. 1745/53
85) Lux, B. u. W. Kurz: Gießerei-Forschung 19 (1967) S.43/48
86) Sehgal, V.D.: J. Iron Steel Inst. 207 (1969) S.95/100; 101/102; 1507/11
87) Green, G.L., D.A.R. Kay u. A. Mitchell: J. Iron Steel Inst. 208 (1970) S. 157/62
88) Kato, E. u. Y. Fukube: Trans. Iron Steel Inst. Japan 10 (1970) S. 270/75
89) Fruehan, R.J. u. E.T. Turkdogan: Met. Trans. 2 (1971) S. 895/902
90) Belton, G.R., R.J. Fruehan u. E.T. Turkdogan: Met. Trans.3 (1972) S. 596/98
91) Kato, E. u. M. Minami: Proc. 4th Int. Conf. Vak. Met. Tokyo, June 4-8, 1973. Iron Steel Inst. Japan, 1974, S. 35/38
92) Bester, H. u. K.W. Lange: Arch. Eisenhüttenwesen 43 (1972) S. 207/13
93) Geller, W.: Z. Metallkunde 35 (1943) S. 213/17
94) Geller, W.: Neue Gießerei, Techn. Wiss. Beihefte (1950) (2) S. 57/63

Tafelanhang

Tafel 1: Verwendete Zeichen und ihre Bedeutung

c	Zusammensetzung
d	Kalottendurchmesser
d_B	Blasendurchmesser
d_D	Düsendurchmesser
f	Frequenz der Blasenbildung
F	Blasenoberfläche
g	Erdbeschleunigung
h	Tauchtiefe
n	Gasmenge
P	Druck
r	Blasenradius
Re_D	Düsen-Reynoldszahl
Sp	Spülgasmenge pro Tonne Stahl
t	Zeit
T	Temperatur
Torr	1 Torr = 133,3 Pa = 1,333 mbar
V	Volumen einer Blase
$\dot{V}_g$	Gasdurchsatz
W	Ausscheidungsgrad
ß	Stoffübergangskoeffizient
$\Delta\varrho$	Differenz der Dichten von Bad und Spülgas
η_g	Dynamische Viskosität des Gases
Θ	Halber Öffnungswinkel eines Kugelsektors
µgri/grFe	= ppm = Massengehalt des Stoffes i in 10^{-4}%
ϱ_g	Gasdichte
σ	Oberflächenspannung

Indizes

äq	Weist auf Volumengleichheit zwischen Kugel und Kalotte hin
A	Außen
e	Kennzeichnet das Erreichen der Badoberfläche
i	Stoff, der ausgespült wird
r	Rechnerischer Stickstoffanfangsgehalt
t	Zur Zeit t
w	Spülgas
o	Kennzeichnet den Anfangszustand zur Zeit t = o
+	Kennzeichnet thermodynamische Sättigung

Tafel 2: Kennzeichnende Blasengrößen

Versuch	$\dot{V}_g$ Ncm^3/s	$d_{äq}$ cm	$d_{äq,e}$ cm	d_e cm	f s^{-1}	Re_D
23	14,1	1,54	1,55	3,53	7,4	19
mit hohen S-Gehalten	12,35	1,4	1,42	3,22	8,6	17
restliche Versuche	12,35	1,44	1,45	3,32	7,9	17
T = 1600°C, P_A = 1 atm h = 5,5 cm, d_D = 0,3 cm						

Bildanhang

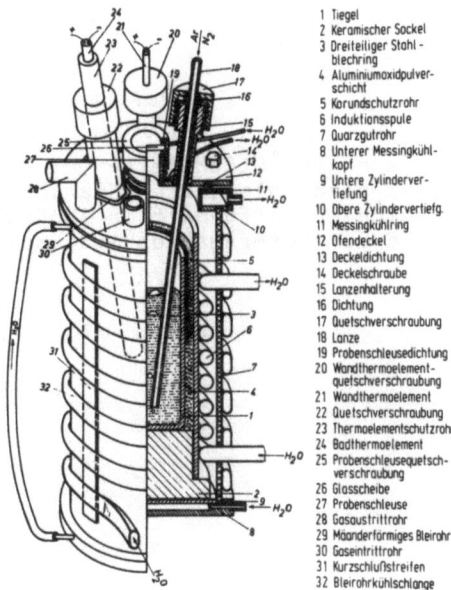

1 Tiegel
2 Keramischer Sockel
3 Dreiteiliger Stahl-blechring
4 Aluminiumoxidpulver-schicht
5 Korundschutzrohr
6 Induktionsspule
7 Quarzgutrohr
8 Unterer Messingkühl-kopf
9 Untere Zylinderver-tiefung
10 Obere Zylindervertiefg.
11 Messingkühlring
12 Ofendeckel
13 Deckeldichtung
14 Deckelschraube
15 Lanzenhalterung
16 Dichtung
17 Quetschverschraubung
18 Lanze
19 Probenschleusedichtung
20 Wandthermoelement-quetschverschraubung
21 Wandthermoelement
22 Quetschverschraubung
23 Thermoelementschutzrohr
24 Badthermoelement
25 Probenschleusequetsch-verschraubung
26 Glasscheibe
27 Probenschleuse
28 Gasaustrittrohr
29 Mäanderförmiges Bleirohr
30 Gaseintrittrohr
31 Kurzschlußstreifen
32 Bleirohrkühlschlange

Bild 1: Darstellung der Versuchsanlage

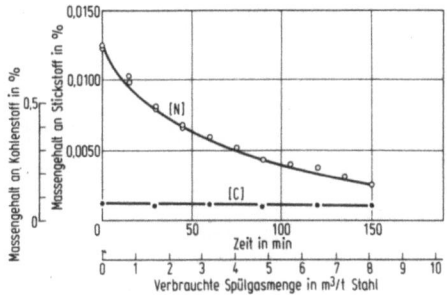

Bild 2: Veränderung der Stickstoff- und Kohlenstoffgehalte in einer niedriglegierten Stahlschmelze mit 0,073 % Anfangskohlenstoffgehalt in Abhängigkeit von der Zeit und der verbrauchten Spülgasmenge (Versuch 2o)

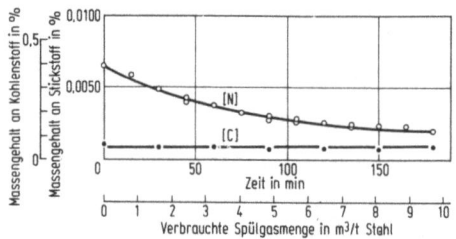

Bild 3: Veränderung der Stickstoff- und Kohlenstoffgehalte in einer niedriglegierten Stahlschmelze mit 0,064 % Anfangskohlenstoffgehalt in Abhängigkeit von der Zeit und der verbrauchten Spülgasmenge (Versuch 21)

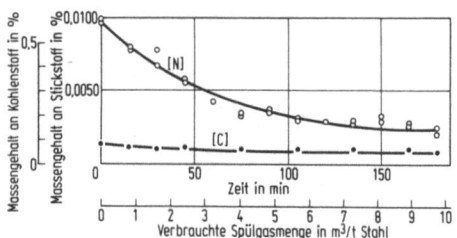

Bild 4: Veränderung der Stickstoff- und Kohlenstoffgehalte in einer niedriglegierten Stahlschmelze mit 0,08 % Anfangskohlenstoffgehalt in Abhängigkeit von der Zeit und der verbrauchten Spülgasmenge (Versuch 23)

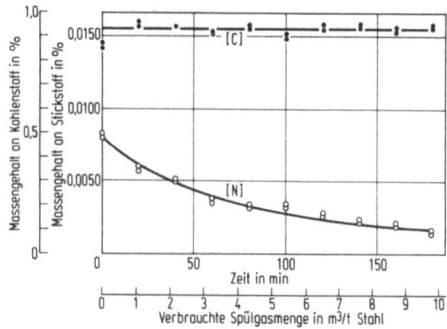

Bild 5: Veränderung der Stickstoff- und Kohlenstoffgehalte einer Stahlschmelze mit 0,93 % Anfangskohlenstoffgehalt in Abhängigkeit von der Zeit und der verbrauchten Spülgasmenge (Versuch 27)

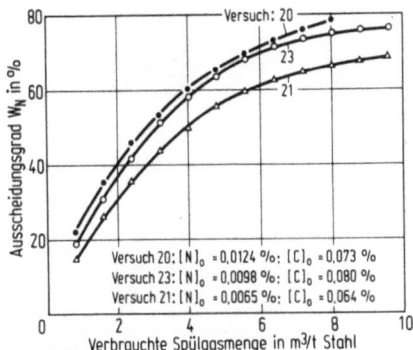

Bild 6: Abhängigkeit des Stickstoffausscheidungsgrades von der verbrauchten Spülgasmenge bei Atmosphärendruck für Stahlschmelzen mit unterschiedlichen Ausgangskohlenstoffgehalten

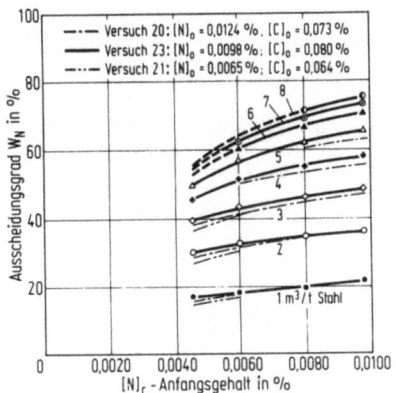

Bild 7: Abhängigkeit des Stickstoffausscheidungsgrades kohlenstoffarmer Schmelzen von der rechnerischen Stickstoffanfangskonzentration bei verschiedenen Spülgasmengen und Atmosphärendruck

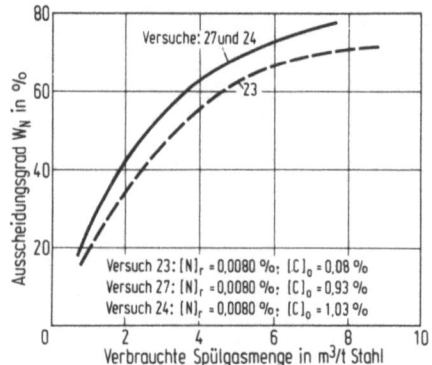

Bild 8: Abhängigkeit des Stickstoffausscheidungsgrades von der verbrauchten Spülgasmenge bei unterschiedlichem Kohlenstoffgehalt und Atmosphärendruck

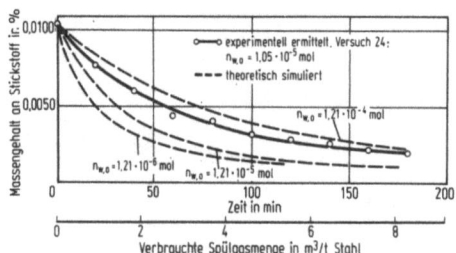

Bild 9: Vergleich des experimentellen Entstickungsverlaufs mit dem theoretisch simulierten[4] Entstickungsverlauf (Badhöhe 5,5 cm; 1,03 % C, 0,036 % S, 0,0150 % O, 0,0010 % H, 0,0105 % N; Gasdurchsatz (Normalzustand) 125 cm³/min; P_A = rd. 1 atm; T = 1600°C)

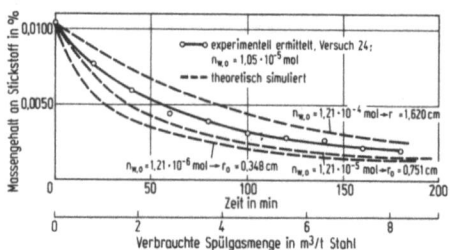

Bild 10: Vergleich des experimentellen Entstickungsverlaufs mit dem theoretisch simulierten[4] Entstickungsverlauf (Badhöhe 8 cm; 1,03 % C, 0,036 % S, 0,0150 % O, 0,0010 % H, 0,0105 % N; Gasdurchsatz (Normalzustand) 125 cm³/min; P_A = rd. 1 atm; T = 1600°C)

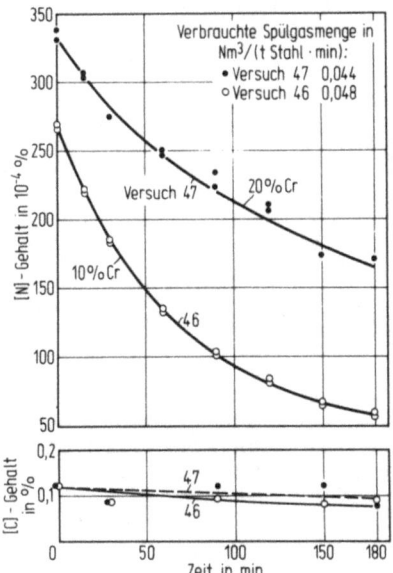

Bild 11: Veränderung der $[N]$- und $[C]$-Gehalte zweier Stahlschmelzen mit 0,12 % Anfangskohlenstoffgehalt und verschiedenen Chromgehalten in Abhängigkeit von der Zeit und der verbrauchten Spülgasmenge

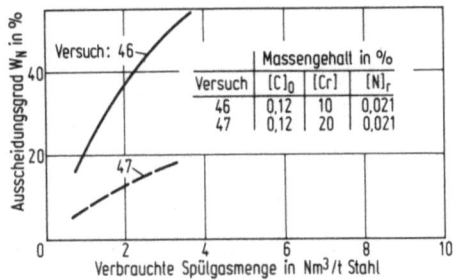

Bild 12: Abhängigkeit des Stickstoffausscheidungsgrades von der verbrauchten Spülgasmenge bei Atmosphärendruck und 1600°C für C-arme Stahlschmelzen mit unterschiedlichen Chromgehalten

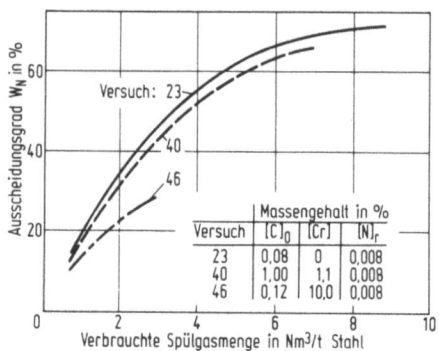

Bild 13: Abhängigkeit des Stickstoffausscheidungsgrades von der verbrauchten Spülgasmenge bei Atmosphärendruck und 1600°C für Stahlschmelzen mit unterschiedlichen Kohlenstoff- und Chromgehalten

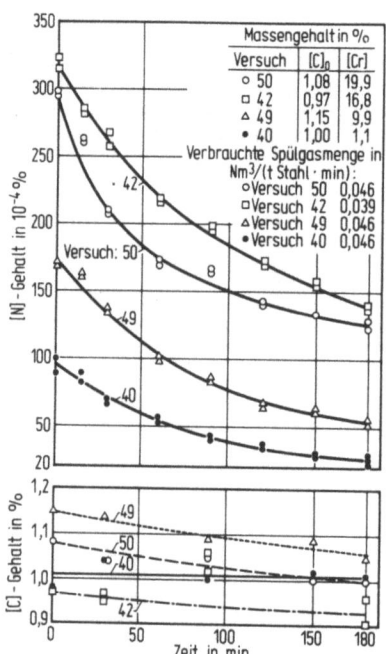

Bild 14: Veränderung des /N/- und /C/-Gehaltes verschiedener Fe-C-Cr-Schmelzen in Abhängigkeit von der Zeit bei Atmosphärendruck und 1600°C

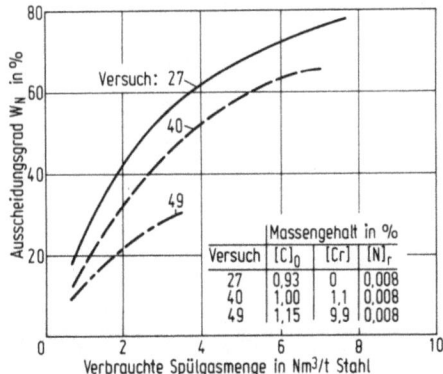

Bild 15: Abhängigkeit des Stickstoffausscheidungsgrades von der verbrauchten Spülgasmenge bei Atmosphärendruck und 1600°C für C-reiche Schmelzen mit unterschiedlichen Chromgehalten

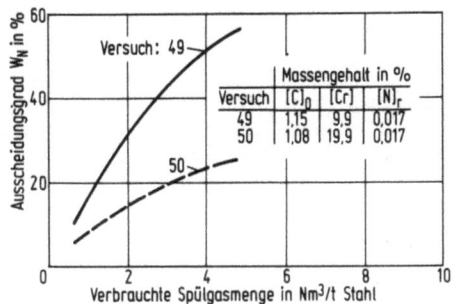

Bild 16: Abhängigkeit des Stickstoffausscheidungsgrades von der verbrauchten Spülgasmenge bei Atmosphärendruck und 1600°C für C-reiche Schmelzen mit unterschiedlichen Chromgehalten

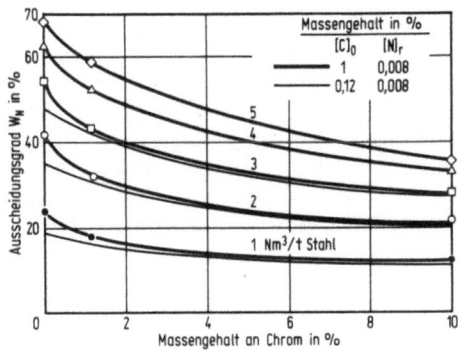

Bild 17: Abhängigkeit des Stickstoffausscheidungsgrades vom Chromgehalt bei Atmosphärendruck, 1600°C und verschiedenen Spülgasmengen für Fe-C-Cr-Schmelzen

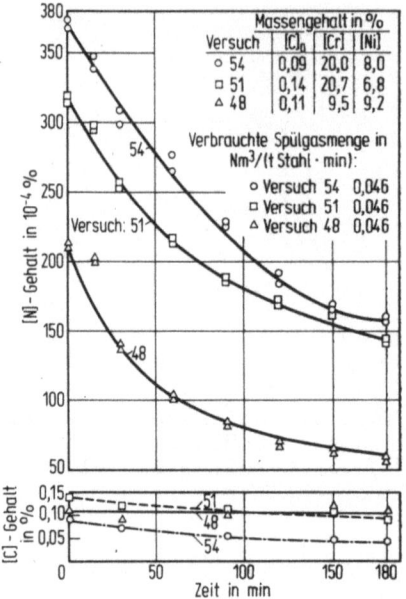

Bild 18: Veränderung des $[N]$- und $[C]$-Gehaltes verschiedener Fe-C-Cr-Ni-Schmelzen in Abhängigkeit von der Zeit bei Atmosphärendruck und 1600°C

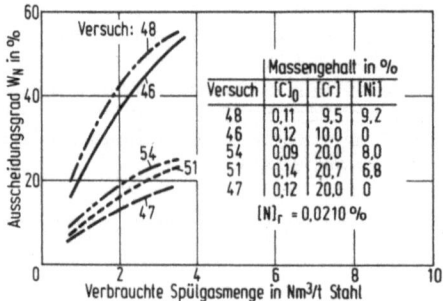

Bild 19: Abhängigkeit des Stickstoffausscheidungsgrades von der verbrauchten Spülgasmenge bei Atmosphärendruck und 1600°C für C-arme Stahlschmelzen mit unterschiedlichen Chrom- und Nickelgehalten

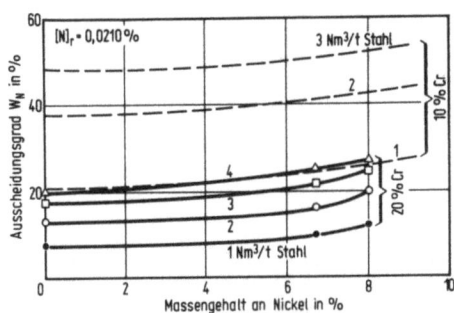

Bild 20: Abhängigkeit des Stickstoffausscheidungsgrades vom Nickelgehalt bei Atmosphärendruck, 1600°C und verschiedenen Spülgasmengen für C-arme Schmelzen (etwa 0,11 % C) mit unterschiedlichen Chromgehalten

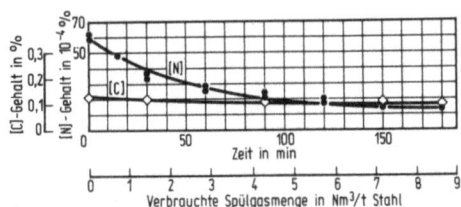

Bild 21: Veränderung des $[N]$- und $[C]$-Gehaltes einer Stahlschmelze mit 0,13 % Anfangskohlenstoffgehalt und 4,95 % Si in Abhängigkeit von der Zeit oder der verbrauchten Spülgasmenge bei Atmosphärendruck und 1600°C (Versuch 55)

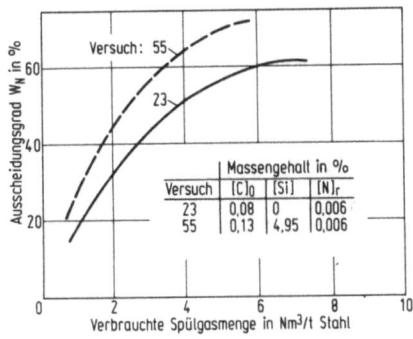

Bild 22: Abhängigkeit des Stickstoffausscheidungsgrades von der verbrauchten Spülgasmenge bei Atmosphärendruck und 1600°C für C-arme Schmelzen mit unterschiedlichen Siliciumgehalten

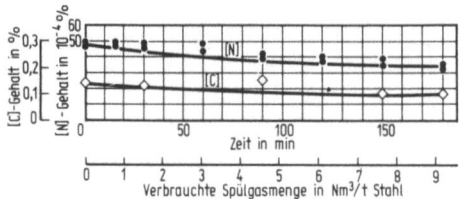

Bild 23: Veränderung des ∕N⃧- und ∕C⃧-Gehaltes einer Stahlschmelze mit 0,12 % Anfangskohlenstoffgehalt und 0,5 % S in Abhängigkeit von der Zeit oder der verbrauchten Spülgasmenge bei Atmosphärendruck und 1600°C (Versuch 52)

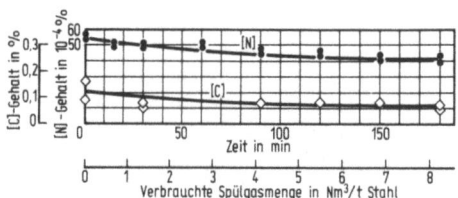

Bild 24: Veränderung des ∕N⃧- und ∕C⃧-Gehaltes einer Stahlschmelze mit 0,14 % Anfangskohlenstoffgehalt, 0,47 % S und 4,6 % Si in Abhängigkeit von der Zeit oder der verbrauchten Spülgasmenge bei Atmosphärendruck und 1600°C (Versuch 53)

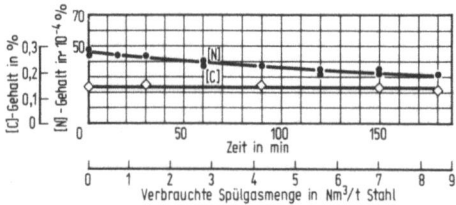

Bild 25: Veränderung des ∕N⃧- und ∕C⃧-Gehaltes einer Stahlschmelze mit 0,14 % Anfangskohlenstoffgehalt, 0,32 % S und 4,9 % Si in Abhängigkeit von der Zeit oder der verbrauchten Spülgasmenge bei Atmosphärendruck und 1600°C (Versuch 56)

	Massengehalt in %			
Versuch	[C]₀	[S]	[Si]	[N]ᵣ
23	0,08	0,035	0	0,0046
56	0,14	0,32	4,9	0,0046
53	0,14	0,47	4,6	0,0046
52	0,12	0,49	0	0,0046

Bild 26: Abhängigkeit des Stickstoffausscheidungsgrades von
der verbrauchten Spülgasmenge bei Atmosphärendruck
und 1600°C für C-arme Schmelzen mit unterschiedlichen
Schwefel- und Siliciumgehalten

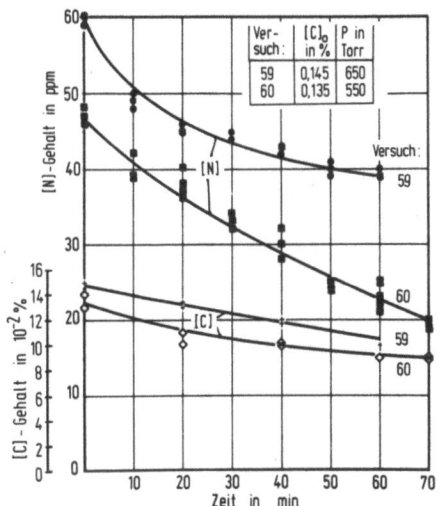

Bild 27: Veränderung der $[N]$- und $[C]$-Gehalte zweier Stahlschmelzen mit ungefähr gleichen Anfangskohlenstoffgehalten in Abhängigkeit von der Zeit bei Außen-
drucken von 650 oder 550 Torr

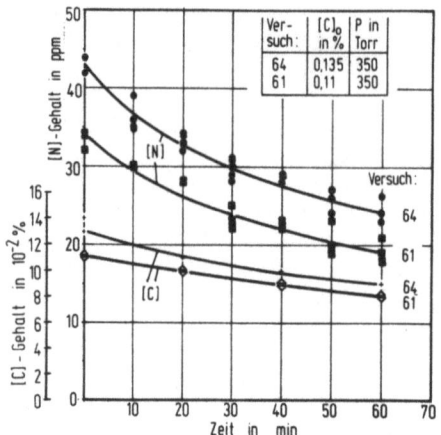

Bild 28: Veränderung der [N]- und [C]-Gehalte zweier Stahlschmelzen mit ungefähr gleichen Anfangskohlenstoffgehalten in Abhängigkeit von der Zeit bei einem Außendruck von 350 Torr

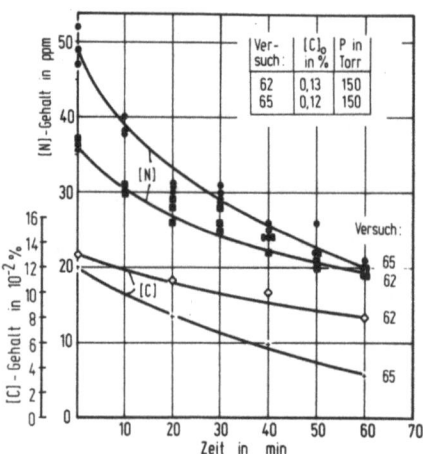

Bild 29: Veränderung der [N]- und [C]-Gehalte zweier Stahlschmelzen mit ungefähr gleichen Anfangskohlenstoffgehalten in Abhängigkeit von der Zeit bei einem Außendruck von 15o Torr

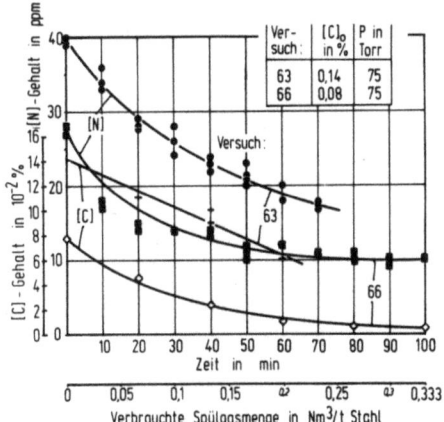

Bild 30: Veränderung der /N/- und /C/-Gehalte zweier Stahlschmelzen mit ungefähr gleichen Anfangskohlenstoffgehalten in Abhängigkeit von der Zeit bei einem Außendruck von 75 Torr

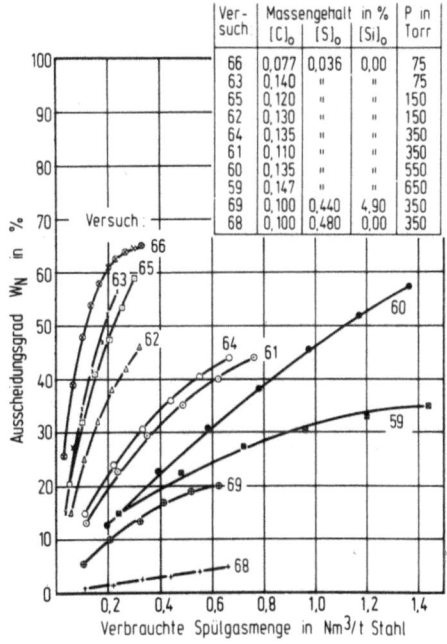

Bild 31: Abhängigkeit des Stickstoffausscheidungsgrades von der verbrauchten Spülgasmenge in einem Druckbereich von 650 bis 75 Torr und 1600°C

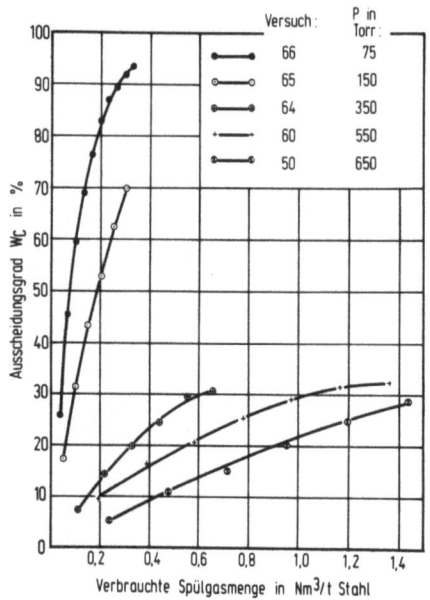

Bild 32: Abhängigkeit des Kohlenstoffausscheidungsgrades von der verbrauchten Spülgasmenge in einem Druckbereich von 65o bis 75 Torr und 16oo°C

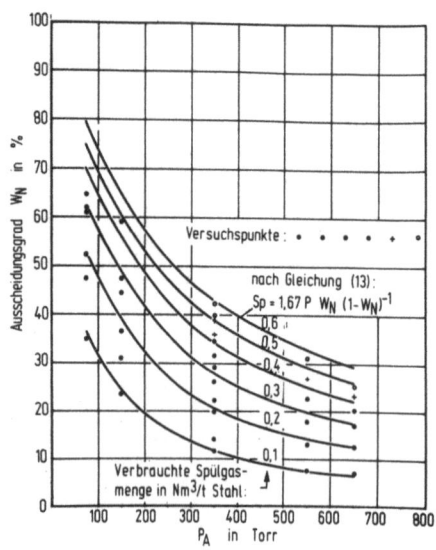

Bild 33: Vergleich zwischen experimentellen und berechneten Werten für die Abhängigkeit des Stickstoffausscheidungsgrades vom Außendruck bei verschiedenen verbrauchten Spülgasmengen

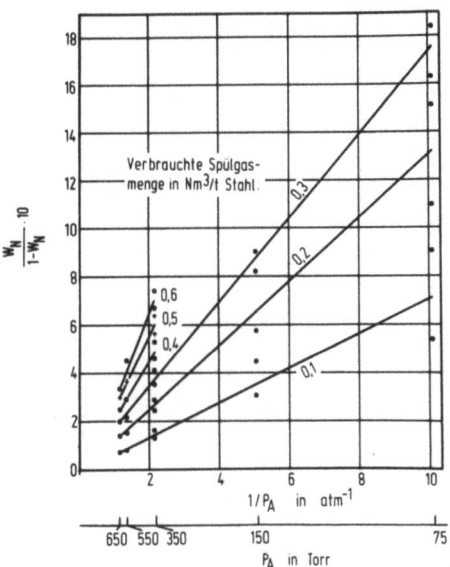

Bild 34: Graphische Darstellung der Gleichung (1o)

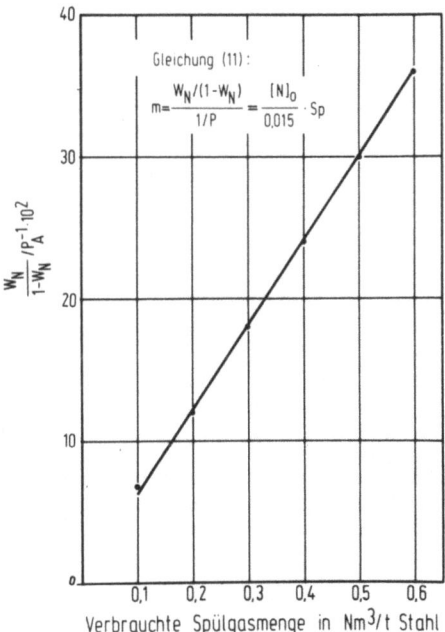

Bild 35: Abhängigkeit der Steigungen aus Bild 34 von der verbrauchten Spülgasmenge

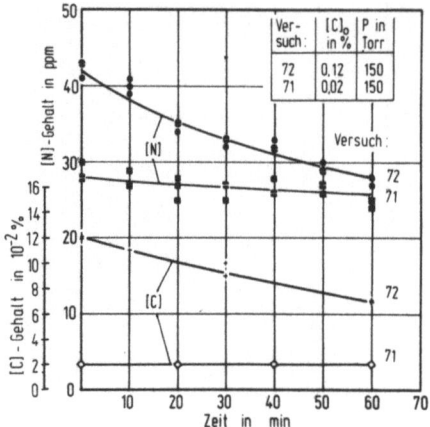

Bild 36: Veränderung der $\underline{/N\!/}$- und $\underline{/C\!/}$-Gehalte zweier Stahlschmelzen mit unterschiedlichen Anfangskohlenstoffgehalten in Abhängigkeit von der Zeit bei einem Außendruck von 150 Torr, 1600°C und ohne Argoneinblasen

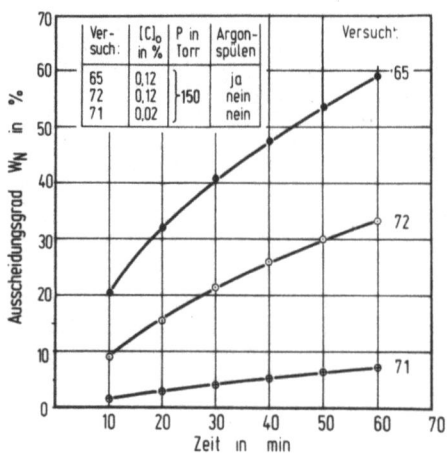

Bild 37: Vergleich der Entstickung von Stahlschmelzen mit verschiedenen Kohlenstoffgehalten ohne oder mit Argoneinblasen bei einem Außendruck von 150 Torr und 1600°C

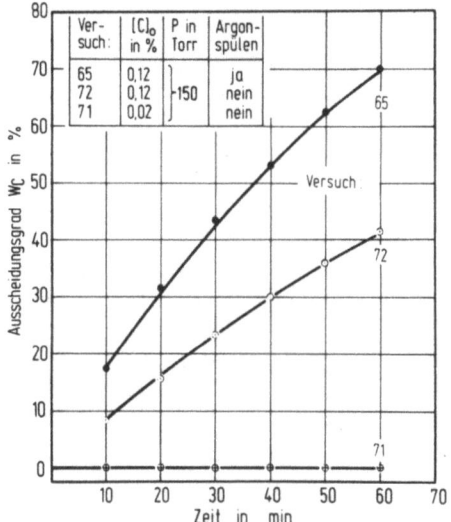

Bild 38: Vergleich der Entkohlung von Stahlschmelzen mit verschiedenen Kohlenstoffgehalten ohne oder mit Argoneinblasen bei einem Außendruck von 150 Torr und 1600°C

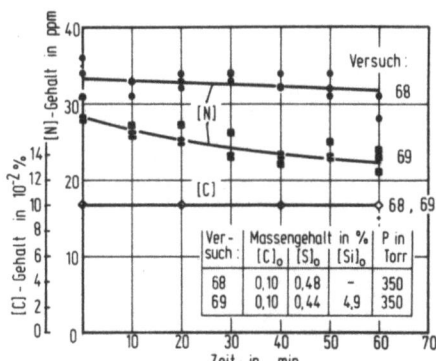

Bild 39: Veränderung der $[N]$- und $[C]$-Gehalte zweier Stahlschmelzen mit 0,1 % Anfangskohlenstoffgehalt, hohen Schwefel- und verschiedenen Siliciumgehalten in Abhängigkeit von der Zeit bei einem Außendruck von 350 Torr und 1600°C

FORSCHUNGSBERICHTE
des Landes Nordrhein-Westfalen

*Herausgegeben
im Auftrage des Ministerpräsidenten Heinz Kühn
vom Minister für Wissenschaft und Forschung Johannes Rau*

Die ,,Forschungsberichte des Landes Nordrhein-Westfalen" sind in zwölf Fachgruppen gegliedert:

Geisteswissenschaften
Wirtschafts- und Sozialwissenschaften
Mathematik / Informatik
Physik / Chemie / Biologie
Medizin
Umwelt / Verkehr
Bau / Steine / Erden
Bergbau / Energie
Elektrotechnik / Optik
Maschinenbau / Verfahrenstechnik
Hüttenwesen / Werkstoffkunde
Textilforschung

Die Neuerscheinungen in einer Fachgruppe können im Abonnement zum ermäßigten Serienpreis bezogen werden. Sie verpflichten sich durch das Abonnement einer Fachgruppe nicht zur Abnahme einer bestimmten Anzahl Neuerscheinungen, da Sie jeweils unter Einhaltung einer Frist von 4 Wochen kündigen können.

WESTDEUTSCHER VERLAG
5090 Leverkusen 3 · Postfach 300620

MIX
Papier aus verantwortungsvollen Quellen
Paper from responsible sources
FSC® C105338

If you have any concerns about our products,
you can contact us on
ProductSafety@springernature.com

In case Publisher is established outside the EU,
the EU authorized representative is:
**Springer Nature Customer Service Center GmbH
Europaplatz 3, 69115 Heidelberg, Germany**

Printed by Libri Plureos GmbH
in Hamburg, Germany